MANUEL PRATIQUE

DES

POSEURS DE VOIES

DE CHEMINS DE FER

PAR

HENRI SALIN

CHEF DE SECTION AU CHEMIN DE FER D'ORLÉANS

PARIS

DUNOD, ÉDITEUR

MANUEL PRATIQUE

DES

POSEURS DE VOIES

DE CHEMINS DE FER

PARIS. — IMPRIMERIE ARNOUS DE RIVIÈRE ET Cⁱᵉ, RUE RACINE, 26.

MANUEL PRATIQUE

DES

POSEURS DE VOIES

DE CHEMINS DE FER

PAR

HENRI SALIN

CHEF DE SECTION AU CHEMIN DE FER D'ORLÉANS.

PARIS

DUNOD, ÉDITEUR

LIBRAIRE DU CORPS DES PONTS ET CHAUSSÉES
DES MINES ET DES TÉLÉGRAPHES,

Quai des Augustins, n° 49.

—

1876

Dans sa séance du 23 juillet 1875, le Conseil d'Administration de la Compagnie d'Orléans a autorisé l'acquisition de mille exemplaires de cet ouvrage.

AVANT-PROPOS

La pose et l'entretien des voies de chemins de fer se font d'après les instructions des ingénieurs et, pour beaucoup de détails, suivant la pratique personnelle de chacun. Nous ne croyons pas que jusqu'à présent ces instructions et cette pratique acquise aient été recueillies pour pouvoir être transmises jusqu'aux poseurs eux-mêmes ; notre but est de chercher à remplir cette lacune, en partie du moins. Nous n'en ferons pas ressortir l'utilité : elle est évidente pour tous les hommes du métier.

Notre travail est établi en conformité des cahiers des charges de la Compagnie d'Orléans, des instructions de son ingénieur en chef, M. SÉVÈNE (1), et de l'ingénieur de notre arrondissement, M. JULES MARTIN, qui a bien voulu nous encourager dans cette tâche.

---

(1) M. Sévène est aujourd'hui directeur des travaux de la Compagnie d'Orléans, et M. Rougier ingénieur en chef de la voie.

TABLE DES MATIÈRES.

TABLEAUX.

FIGURES.

MANUEL PRATIQUE

DES POSEURS DE VOIES

DE CHEMINS DE FER

ABRÉVIATIONS

Le signe + signifie . . . . plus.

— . . . . moins.

× . . . . multiplié par.

: . . . . divisé par.

= . . . . égale.

DES POSEURS DE VOIES

DE CHEMINS DE FER

SYSTÈME MÉTRIQUE.

MESURES DE LONGUEUR.

Le *mètre* est l'unité de longueur. Il est divisé en dix *décimètres*, cent *centimètres* et mille *millimètres*.

Le *décamètre* vaut dix mètres, l'*hectomètre* cent mètres, le *kilomètre* mille mètres et le *myriamètre* dix mille mètres.

MESURES DE SUPERFICIE.

L'unité de superficie pour les terrains est l'*are*. C'est un carré mesurant dix mètres sur chaque côté; par conséquent, l'are se compose de cent mètres carrés.

Le *centiare* a un mètre de côté; c'est donc un mètre carré.

L'*hectare* contient cent ares; c'est un carré de cent mètres de côté ou dix mille mètres carrés.

MESURES DES VOLUMES.

Le *stère*, unité de volume pour les bois, n'est autre chose qu'un mètre cube.

MESURES DE CAPACITÉ.

Le *litre* est l'unité de capacité pour les liquides ; il est égal à un décimètre cube. Un mètre cube contient donc mille litres.

POIDS.

Le *gramme*, unité de poids, est le poids d'un centimètre cube d'eau pure (1). Ainsi, un litre d'eau pèse un kilogramme ou mille grammes, et un mètre cube d'eau pèse mille kilogrammes.

Un *quintal métrique* équivaut à cent kilogrammes et une *tonne* à mille kilogrammes.

MONNAIES.

Le *franc* est l'unité monétaire. C'est une pièce d'argent du poids de cinq grammes ; par conséquent, cent francs en argent pèsent cinq cents grammes, et un kilogramme de monnaie d'argent vaut deux cents francs.

La pièce de dix centimes en billon pèse dix grammes et la pièce de cinq centimes pèse cinq grammes.

---

(1) Il faut dire, pour être parfaitement exact, que le gramme est le poids d'un centimètre cube d'eau distillée, prise à son maximum de densité, et pesée dans le vide. L'eau est à son maximum de densité à la température de 4 degrés centigrades, c'est-à-dire qu'au-dessus comme au-dessous de 4 degrés, elle pèse moins. On comprend que l'on n'a pas voulu entrer dans ces détails.

NOTIONS DE GÉOMÉTRIE.

La *ligne droite* est le plus court chemin d'un point à un autre (AB, *fig.* 1).

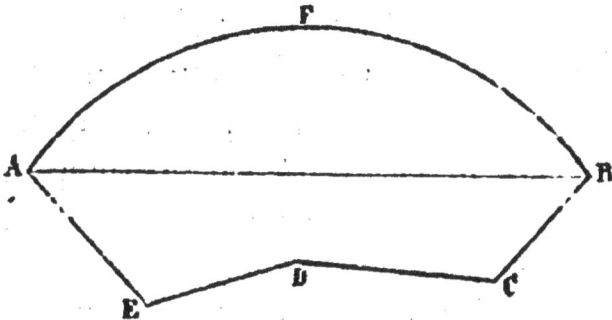

Fig. 1.

La *ligne brisée* est composée de lignes droites (AEDCB).

La *ligne courbe* n'est ni droite ni brisée (AFB).

On dit qu'elle est *circulaire* quand elle est tracée avec un compas. Le point où l'on place la pointe du compas s'appelle *centre* (O, *fig.* 2).

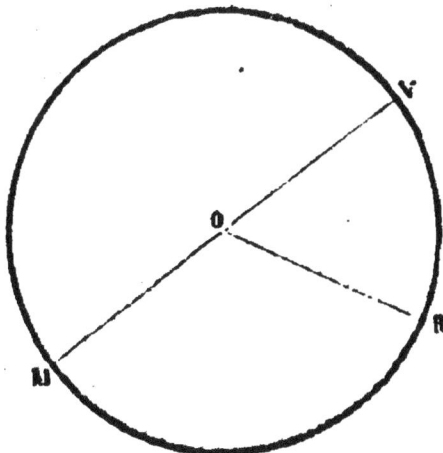

Fig. 2.

La courbe entière tracée par le compas s'appelle *circonférence*.

La distance en ligne droite, du centre à la circonférence, s'appelle *rayon*. OR est un rayon.

Le *diamètre* est une ligne droite, MN, par exemple, qui passe par le centre et qui est prolongée des deux côtés jusqu'à la circonférence. On voit qu'un diamètre est égal à deux rayons (MN = MO + ON).

On appelle *arc de cercle* une portion seulement de la circonférence. NR est un arc de cercle, RM en est un autre.

Le *cercle* est l'espace compris dans l'intérieur de la circonférence.

Une ligne de niveau s'appelle *horizontale*. Ainsi, la surface de l'eau tranquille est horizontale.

On appelle *verticale* la ligne du fil à plomb.

Une ligne, d'équerre sur une autre ligne, se nomme *perpendiculaire*. Ainsi, le fil à plomb est perpendiculaire sur l'eau dormante ou, ce qui est la même chose, la verticale est perpendiculaire sur l'horizontale.

On vient de voir que la courbe ACB (*fig.* 3), tracée avec un compas du centre O, se nomme *arc de cercle*.

La ligne droite AB s'appelle *corde*, et la ligne CD, qui va du milieu de la corde au milieu de l'arc, s'appelle *flèche*.

La ligne droite EBF, qui touche l'arc au point B seulement et qui est perpendiculaire au rayon OB,

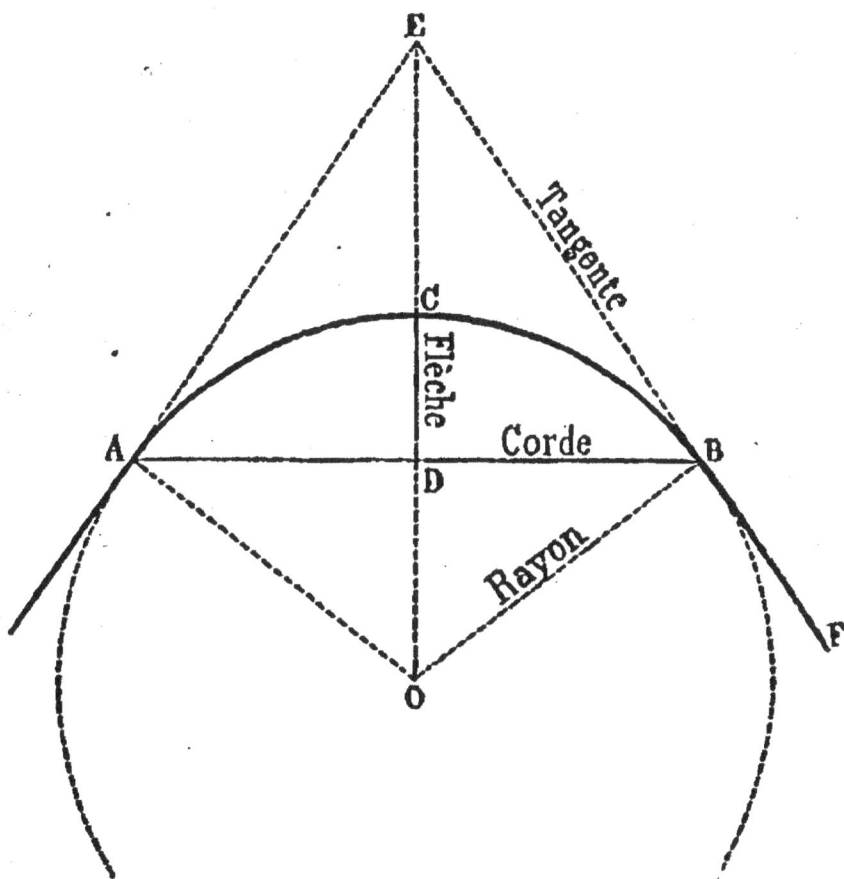

FIG. 3.

est une *tangente*. Le point B s'appelle le *point de tangence*.

On appelle *angle*, *l'espace* compris entre les deux lignes AE et FE. Le point E où elles se rencontrent se nomme *sommet d'angle*.

Un angle est *droit* quand les deux lignes qui forment les côtés sont perpendiculaires l'une à l'autre. Une équerre donne l'angle droit.

Un angle *aigu* est moins ouvert qu'un angle droit.

Un angle *obtus* est plus ouvert qu'un angle droit.

On appelle *parallèles* des lignes droites qui, situées sur un même plan, ne peuvent se rencontrer à quelque distance qu'on les prolonge. Ainsi, les deux rails de la voie, en ligne droite, sont parallèles.

Sur les lignes de chemins de fer, le *point de tangence* est le *commencement* ou la *fin de la courbe*; les *tangentes* sont les alignements droits prolongés depuis le point de tangence jusqu'à leur rencontre, qu'on appelle le *sommet d'angle*.

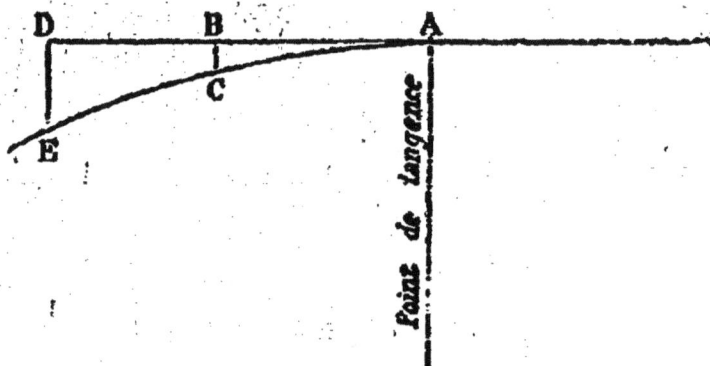

Fic. 4.

Dans le tracé des courbes, on appelle *abscisse* une longueur mesurée sur la tangente, à partir du point de tangence; et *ordonnée* une longueur mesurée d'équerre à la tangente, depuis l'extrémité de l'abscisse jusqu'à la rencontre de la courbe.

Ainsi, AB et AD (*fig. 4*) sont des abscisses, BC et DE des ordonnées.

TRACÉ DES LIGNES DROITES.

JALONNEMENT.

Le tracé d'une ligne droite sur le terrain se fait avec des jalons. C'est une opération qui exige, si l'on veut obtenir un alignement bien droit, une certaine expérience et beaucoup de soin, surtout dans les terrains en pente.

Les commençants doivent s'exercer d'abord à planter les jalons. Le meilleur moyen, pour arriver à frapper toujours dans le même trou et d'aplomb, consiste à les tenir d'une seule main sans les serrer. Lorsque le jalon est suffisamment enfoncé pour être bien solide, on vérifie sa verticalité avec le fil à plomb que l'on présente dans la direction de la ligne, puis à angle droit ; on le redresse s'il y a lieu, en pressant un peu sur la terre avec le pied. Il ne faut pas tolérer le plus petit écart ; c'est de là que dépend le succès du tracé. Aussi, lorsqu'on doit faire une opération délicate, il vaut mieux se servir de fils à plomb que l'on suspend à des jalons plantés obliquement et que l'on empêche de se balancer, soit en les *endormant* avec la main, soit en les faisant plonger dans un seau d'eau.

Pour viser une ligne à jalonner, il faut se tenir à

une assez grande distance du premier jalon, à 5 ou 6 mètres au moins, et même, pour les opérations ordinaires, il est bon de remplacer toujours par un fil à plomb le jalon le plus rapproché de l'opérateur; de cette façon, on fait plus vite et mieux. On se tient dans ce cas à 2 ou 3 mètres en arrière du fil à plomb.

CHAINAGE.

Le mesurage d'une ligne un peu longue est aussi une opération qui, pour être bien faite, demande les plus grands soins.

On se sert pour les mesurages de la chaîne d'arpenteur.

Cet instrument, de la longueur d'un décamètre, est formé de cinquante chaînons ou mailles en gros fil de fer, reliés par des anneaux. La longueur de chaque chaînon est de $0^m,20$; les mètres sont marqués par des anneaux en cuivre et le milieu de la chaîne par un petit appendice en fer. Les poignées des deux bouts sont comprises dans la longueur de la chaîne et elles appartiennent aux deux derniers chaînons.

Pour les opérations soignées, on emploie de préférence le *ruban d'acier* sur lequel les divisions sont indiquées par des rivets en cuivre et des trous.

Chacun de ces instruments est accompagné de *dix fiches*.

Avant de commencer un mesurage, on doit étalonner la chaîne. Pour cela, avec un mètre, ou mieux un double mètre très-exact, on mesure avec précision sur un parapet, sur une plinthe de pont ou sur les rails de la voie une longueur de 10 mètres sur laquelle on vérifie la chaîne. Si les opérations doivent durer plusieurs jours, on répète chaque matin cette vérification. Si la chaîne est trop longue, car elle tend à s'allonger par les tensions qu'elle subit, on la raccourcit en courbant un peu quelques chaînons.

La chaîne est portée par deux hommes : celui qui marche en avant prend les dix fiches qu'il plante successivement à l'extrémité de chaque longueur de chaîne; le second chaîneur ramasse les fiches jusqu'à la dixième, qui indique alors une longueur de 100 mètres; il en vérifie le nombre, puis les rend au premier chaîneur pour recommencer une nouvelle série de 10 décamètres.

Les chaîneurs doivent tous deux se guider sur l'alignement des jalons, celui d'arrière rectifiant quand il le faut la position du premier.

Le chaînage se fait toujours de niveau. Dans un terrain en pente, on élève la main pour tendre le décamètre horizontalement. Dans ce cas, pour marquer la place où l'on doit planter la fiche, on se sert d'un fil à plomb à pointe.

Si le terrain est de niveau ou à peu près, on

laisse reposer la chaîne sur le sol. Lorsqu'on est obligé de l'élever, il faut la tendre autant que possible, parce que la courbe qu'elle décrit diminue sa longueur. Pour compenser la perte résultant de cette courbure et des petits défauts d'alignement, on plante les fiches en dehors des poignées, ce qui donne un excédant de 4 à 5 millimètres par décamètre. La chaîne doit donc avoir exactement 10 mètres entre les dehors des poignées.

Les fiches doivent être plantées d'aplomb, et il faut éviter de les déranger avec la chaîne.

Si l'on mesure en laissant reposer la chaîne sur le rail, on fait une marque avec un poinçon à l'extrémité de chaque chaînée et l'on dépose la fiche à côté.

Les chaîneurs doivent à chaque fois porter l'œil sur le décamètre pour s'assurer que les boucles ne sont pas engagées les unes dans les autres; on les dégage en secouant la chaîne.

On se sert aussi pour les mesurages de décamètres en toile renfermés dans une roulette; mais il ne faut les employer que pour de petites longueurs et pour des approximations, car ces rubans s'allongent facilement et ils sont complétement inexacts lorsqu'ils ont été mouillés.

TRACÉ PRATIQUE DES COURBES.

Sur un chemin de fer en exploitation, il faut maintenir la régularité du tracé des courbes.

Voici quelques procédés pratiques au moyen desquels, avec les seuls instruments que possède une équipe de poseurs et sans calculs, on peut résoudre la plupart des cas qui se présentent :

Le tableau n° 1 sert à vérifier rapidement les courbes, en marchant pour ainsi dire, ou à les régler par grandes longueurs, ou bien, lorsqu'on ne le connaît pas, à déterminer le rayon d'une courbe sur une voie posée.

Le tableau n° 2 sert pour le dressage au cordeau par petites longueurs.

Enfin, le tableau n° 3 permet de vérifier ou d'établir le raccordement des courbes avec les lignes droites.

Ainsi, avec ces trois tableaux, un mètre, un cordeau, des jalons que l'on fera avec des baguettes bien dressées, et au besoin avec des pinces à riper, on a tout ce qu'il faut pour régler le tracé des courbes et même pour poser une voie neuve d'après un rayon de courbure donné.

Les longueurs se mesurent au moyen des rails.

Pour les tracés soignés ou qui doivent se prolonger sur de grandes longueurs, il faut employer
des fils à plomb de préférence aux jalons.

USAGE DU TABLEAU N° 1.

Tracé et vérification des courbes au moyen de la largeur de la voie prise comme flèche.

Le tableau n° 1 donne la longueur du demi-arc
des courbes dont le rayon est compris entre 100 et
5.000 mètres, pour une flèche de 1^m,45 égale à la
largeur de la voie prise entre les bords intérieurs
des champignons des rails.

Ce demi-arc se mesure d'après les rails de la file
extérieure de la courbe qu'on appelle communément le grand rayon.

1er EXEMPLE. — *Déterminer le rayon d'une courbe.*

On place un jalon d'aplomb au joint d'un rail
sur le petit rayon de la courbe, au point D, par
exemple (*fig.* 5).

Ensuite on envoie de chaque côté un homme
portant un jalon, en faisant compter le nombre de
rails à partir du point C sur le grand rayon de la
courbe. Ces hommes marchent tous deux à égale
distance du point C jusqu'à ce qu'ils arrivent en
ligne avec le point D aux points A et B. Supposons
que l'on trouve six longueurs de rails de 6 mètres,

plus 2,09, ce qui fait en total 38,09 pour la longueur de AC (ou de CB, puisque ces
deux demi-arcs sont égaux). Le tableau n° 1 fait voir que pour un demi-
arc de 38,09, chiffre qu'on trouve
dans la 2ᵉ colonne, le rayon correspondant est 500 mètres.

La courbe sur laquelle on opère
est donc une courbe de 500 mètres
de rayon.

Si l'on avait trouvé un demi-arc
de 39,50, par exemple, le rayon
serait compris entre 500 mètres et
600 mètres, et à peu près de 550
mètres.

2ᵉ EXEMPLE. — *Vérifier le tracé
d'une courbe dont on connaît le rayon.*

Supposons que l'on a une courbe
de 300 mètres de rayon à vérifier.
On met comme précédemment un
jalon à l'un des joints de rails du
petit rayon, au point D; puis on fait
compter de chaque côté du point C,
sur les rails du grand rayon, 29,51,

Fig. 5.

longueur du demi-arc que l'on trouve dans la colonne (2) du tableau n° 1, en regard du rayon de

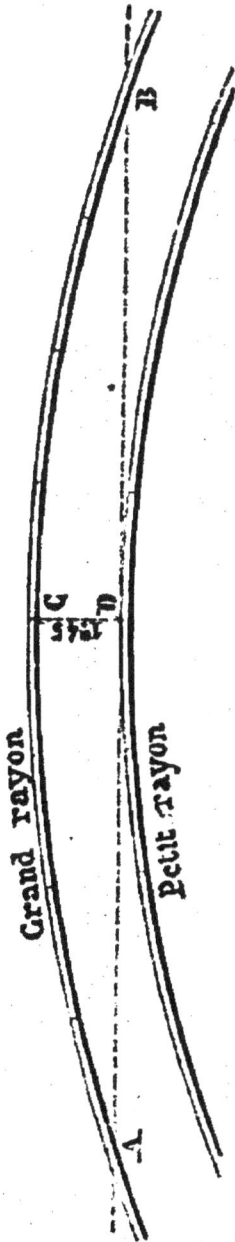

TABLEAU N° 1.

Tracé et Vérification des courbes au moyen de la largeur de la voie prise comme flèche.

RAYONS des courbes. (1)	DEMI-ARC pour 1m,15 de flèche. (2)	DEMI-ARC pour 1m,16 de flèche. (3)
m.	m.	m.
100	17,05	17,11
150	20,87	20,95
180	23,86	23,94
200	24,10	24,18
250	26,94	27,01
300	29,51	29,61
350	31,87	31,98
400	34,07	34,19
450	36,13	36,26
500	38,08	38,22
600	41,72	
700	45,06	
800	48,17	
900	51,08	
1.000	53,85	
1.100	56,52	
1.200	58,99	
1.300	61,42	
1.400	63,74	
1.500	65,97	
1.600	68,13	
1.700	70,22	
1.800	72,26	
1.900	74,23	
2.000	76,20	
2.500	85,15	
3.000	93,27	
3.500	100,73	
4.000	107,71	
5.000	120,48	

300 mètres. On y plante un jalon, et, si les trois points ADB sont en ligne droite, c'est que la courbe est bien tracée.

Si la ligne AB passe entre les deux rails, c'est que la courbe est trop aplatie, c'est-à-dire que le rayon est trop grand. Si elle coupe la file intérieure des rails, la courbe est trop roide, c'est-à-dire que le rayon est trop petit.

On continue la vérification sur d'autres parties de la courbe, en ayant soin de marquer à chaque opération de quel côté il faut que la voie soit reportée pour que la courbe soit bien au rayon voulu.

Lorsque toute la courbe est vérifiée, on voit alors quelles sont les parties qui doivent être ramenées en dehors et quelles sont celles qui sont exactes ou qui doivent être ramenées en dedans.

Il ne faut jamais oublier qu'on doit avant tout passer aux points obligés, comme, par exemple, au milieu des ponts et des tunnels sur les chemins à une voie, à la distance fixée des murs, parapets, etc.

Sur les lignes à courbes de 300 mètres où l'on a donné à la voie un écartement de 1^m,46 au lieu de 1^m,45, le demi-arc est de 29^m,61 pour ce rayon de 300, au lieu de 29^m,51.

La colonne (3) donne les demi-arcs pour l'écartement de 1^m,46 et pour les courbes de 100 à 500 mètres de rayon.

Si l'on avait à vérifier une courbe de 850 mètres,

par exemple, qui ne figure pas dans le tableau, on prendrait une moyenne entre le demi-arc de 800 et le demi-arc de 900.

USAGE DU TABLEAU N° 2.
Tracé des courbes au cordeau.

Le tableau n° 2 donne la flèche des courbes de 100 à 5.000 mètres de rayon pour deux, trois et quatre longueurs des rails le plus ordinairement employés, qui sont les rails de 5ᵐ,50 et de 6 mètres de longueur.

EXEMPLE. — *Dresser au cordeau une courbe de 400 mètres de rayon.*

Supposons que l'on a une voie construite avec des rails de 5ᵐ,50 de longueur.

On tend le cordeau, par exemple, sur trois longueurs de rails du grand rayon, comme on le voit représenté par la ligne AB, *fig.* 6.

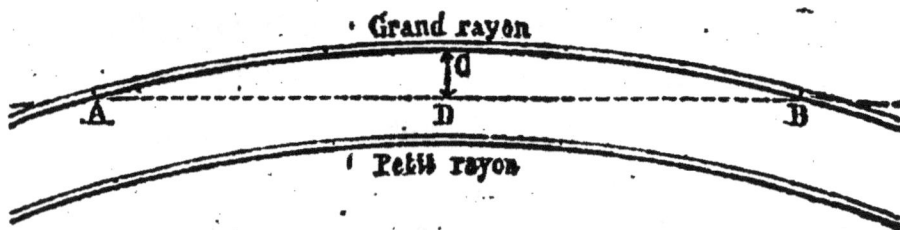

Fig. 6.

On trouve dans la colonne (4) du tableau n° 2, en face du rayon 400, pour trois longueurs de rails, une flèche de 0ᵐ,085.

On mesure cette flèche CD au milieu du cordeau.

Quand on le peut, il faut prendre de préférence les flèches sur quatre longueurs de rails, en posant successivement le cordeau de deux en deux joints seulement. Le tableau n° 3, comme on le verra plus loin, indique des ordonnées qui sont égales aux flèches pour six, huit et dix longueurs de rails; on peut avoir occasion de s'en servir; mais, pour ces grandes longueurs, au lieu du cordeau on emploiera les jalons.

On comprend qu'on ne peut dresser une courbe au cordeau que lorsqu'on est sûr du rayon; quand on aura quelque doute, on fera bien de vérifier d'abord d'un bout à l'autre au moyen du tableau n° 1.

TABLEAU N° 2.
Tracé des courbes au cordeau.

RAYONS des courbes	FLÈCHES pour deux longueurs de rails		FLÈCHES p. trois longueurs de rails		FLÈCHES p. quatre longueurs de rails	
	de 5m,50.	de 6m.	de 5m,50.	de 6m.	de 5m,50.	de 6m.
(1)	(2)	(3)	(4)	(5)	(6)	(7)
m.	m.	m.	m.	m.	m.	m.
100	0,151	0,180	0,341	0,403	0,605	0,720
150	0,101	0,120	0,225	0,273	0,405	0,483
180	0,081	0,101	0,189	0,225	0,337	0,400
200	0,076	0,090	0,170	0,202	0,302	0,360
250	0,061	0,072	0,136	0,162	0,242	0,288
300	0,050	0,060	0,113	0,135	0,202	0,240
350	0,043	0,051	0,097	0,116	0,173	0,206
400	0,038	0,045	0,085	0,101	0,151	0,180
450	0,034	0,040	0,076	0,090	0,134	0,160
500	0,030	0,036	0,068	0,081	0,121	0,144
600	0,025	0,030	0,057	0,068	0,101	0,120
700	0,022	0,026	0,049	0,058	0,086	0,103
800	0,019	0,023	0,043	0,051	0,076	0,090
900	0,017	0,020	0,038	0,045	0,067	0,080
1.000	0,015	0,018	0,034	0,040	0,061	0,072
1.100	0,014	0,016	0,031	0,037	0,055	0,065
1.200	0,012	0,015	0,028	0,034	0,051	0,060
1.300	0,012	0,014	0,026	0,031	0,047	0,055
1.400	0,011	0,012	0,024	0,029	0,043	0,052
1.500	0,010	0,012	0,023	0,027	0,041	0,048
1.600	0,009	0,011	0,021	0,025	0,038	0,045
1.700	0,009	0,011	0,020	0,024	0,036	0,042
1.800	0,008	0,010	0,019	0,023	0,034	0,040
1.900	0,008	0,010	0,018	0,021	0,032	0,038
2.000	0,008	0,009	0,017	0,020	0,030	0,036
2.500	0,006	0,007	0,014	0,016	0,024	0,029
3.000	0,005	0,006	0,011	0,014	0,020	0,024
3.500	0,004	0,005	0,010	0,012	0,017	0,021
4.000	0,004	0,004	0,009	0,010	0,015	0,018
5.000	0,003	0,004	0,007	0,008	0,012	0,014

USAGE DU TABLEAU N° 3.

Tracé de l'entrée et de la sortie des courbes pour le raccordement avec les lignes droites.

Le tableau n° 3 est destiné au tracé du raccordement des courbes avec les lignes droites.

On y trouve les ordonnées sur la tangente, pour les cinq premiers joints de rails, de 5ᵐ,50 et de 6 mètres et pour des courbes de 100 à 5.000 mètres de rayon.

EXEMPLE. — *Vérifier ou tracer l'entrée d'une courbe de 350 mètres de rayon.*

On prolonge avec le cordeau la ligne droite AC, de manière à obtenir la tangente CB.

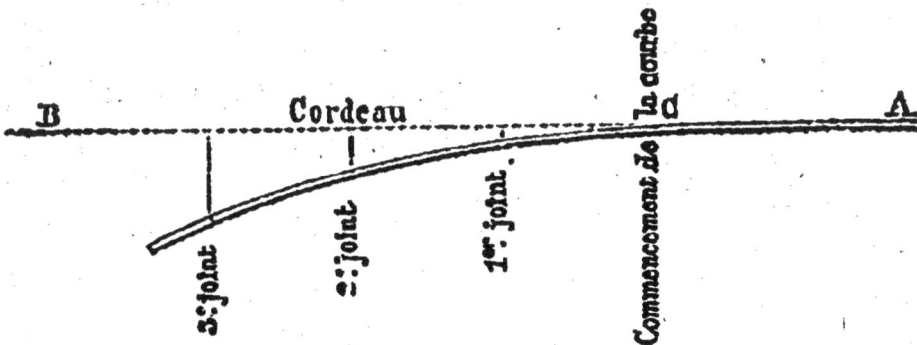

FIG. 7.

Supposons que cette courbe de 350 commence à un joint de rail C. Au premier joint en avant dans la courbe, on mesure, d'équerre au cordeau, l'ordonnée qu'on trouve sur le tableau n° 3 en face du rayon 350 pour le premier joint, dans la colonne (1) s'il s'agit de rails de 5ᵐ,50, et dans la colonne (7) s'il s'agit de rails de 6ᵐ mètres. Cette ordonnée est de 0ᵐ,043 dans le premier cas et de 0ᵐ,051 dans le deuxième.

On continue ainsi jusqu'au cinquième joint, en ayant bien soin de mesurer ces ordonnées d'équerre au cordeau.

Si la courbe ne commence pas exactement à un joint, il est facile de tenir compte de la différence à chaque ordonnée.

On remarquera que le tableau nᵒ 2 donne les mêmes chiffres que le tableau nᵒ 3, mais pour des longueurs doubles. Il est facile de voir que la flèche, pour quatre longueurs de rails de 6 mètres, par exemple, d'une courbe de 600 (colonne 7 du tableau nᵒ 2) est égale à l'ordonnée pour deux longueurs (colonne 8 du tableau nᵒ 3).

La *fig.* 8 le montre clairement : ED, une tangente, est la moitié de AB, la corde, et DC, la flèche, est égal à AE, l'ordonnée.

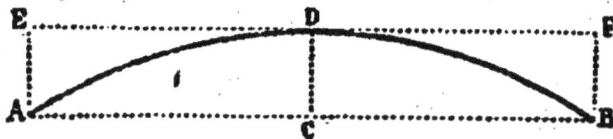

Fig. 8.

Le tableau nᵒ 3, qui indique les ordonnées jusqu'au cinquième joint de rails, peut donc servir pour compléter le tableau nᵒ 2, qui ne donne les flè-

TABLEAU N° 3.

Tracé de l'entrée et de la sortie des courbes pour le raccordement avec les lignes droites.

RAYONS des courbes.	ORDONNÉES.									
	RAILS DE 5m,50.					RAILS DE 6m.				
	au 1er joint.	au 2e joint.	au 3e joint.	au 4e joint.	au 5e joint.	au 1er joint.	au 2e joint.	au 3e joint.	au 4e joint.	au 5e joint.
(1)	(2)	(3)	(4)	(5)	(6)	(7)	(8)	(9)	(10)	(11)
m.	m.	m.	m.	m.	m.	m.	m.	m.	m.	m.
100	0,151	0,605	1,362	2,421	3,781	0,180	0,720	1,620	2,880	4,500
150	0,101	0,405	0,908	1,614	2,520	0,120	0,482	1,080	1,920	3,000
180	0,081	0,337	0,758	1,345	2,102	0,101	0,400	0,900	1,602	2,500
200	0,076	0,302	0,680	1,209	1,888	0,090	0,360	0,809	1,438	2,246
250	0,061	9,242	0,544	0,967	1,511	0,072	0,288	0,648	1,151	1,798
300	0,050	0,202	0,454	0,806	1,259	0,060	0,240	0,540	0,959	1,499
350	0,043	0,173	0,389	0,691	1,080	0,051	0,206	0,463	0,823	1,285
400	0,038	0,151	0,340	0,605	0,945	0,045	0,180	0,405	0,720	1,124
450	0,034	0,134	0,302	0,538	0,840	0,040	0,160	0,360	0,640	1,000
500	0,030	0,121	0,272	0,484	0,756	0,036	0,144	0,324	0,576	0,900
600	0,025	0,101	0,227	0,403	0,628	0,030	0,120	0,270	0,480	0,750
700	0,022	0,086	0,194	0,346	0,540	0,026	0,103	0,231	0,411	0,644
800	0,019	0,076	0,170	0,302	0,473	0,023	0,090	0,203	0,360	0,562
900	0,017	0,067	0,151	0,269	0,420	0,020	0,080	0,180	0,320	0,500
1.000	0,015	0,061	0,136	0,242	0,378	0,018	0,072	0,162	0,288	0,450
1.100	0,014	0,055	0,124	0,220	0,344	0,016	0,065	0,147	0,262	0,409
1.200	0,012	0,051	0,114	0,202	0,315	0,015	0,060	0,135	0,240	0,375
1.300	0,012	0,047	0,105	0,186	0,291	0,014	0,055	0,125	0,222	0,346
1.400	0,011	0,043	0,097	0,173	0,270	0,012	0,052	0,116	0,206	0,321
1.500	0,010	0,041	0,091	0,161	0,252	0,012	0,048	0,108	0,192	0,300
1.600	0,009	0,038	0,085	0,151	0,236	0,011	0,045	0,101	0,180	0,281
1.700	0,009	0,036	0,080	0,142	0,222	0,011	0,042	0,095	0,169	0,265
1.800	0,008	0,034	0,076	0,134	0,210	0,010	0,040	0,090	0,160	0,950
1.900	0,008	0,032	0,072	0,127	0,199	0,010	0,038	0,085	0,151	0,237
2.000	0,008	0,030	0,068	0,121	0,189	0,009	0,036	0,081	0,144	0,225
2.500	0,006	0,024	0,054	0,097	0,151	0,007	0,029	0,065	0,115	0,180
3.000	0,005	0,020	0,045	0,081	0,126	0,006	0,024	0,054	0,096	0,150
3.500	0,004	0,017	0,039	0,069	0,108	0,005	0,021	0,046	0,082	0,129
4.000	0,004	0,015	0,034	0,061	0,095	0,004	0,018	0,041	0,072	0,112
5.000	0,003	0,012	0,027	0,048	0,076	0,004	0,014	0,032	0,058	0,090

ches que pour quatre longueurs de rails. Avec le tableau n° 3, on aura des *flèches* pour 2, 4, 6, 8 et 10 longueurs, en prenant tout simplement les *ordonnées* aux 1ᵉʳ, 2ᵉ, 3ᵉ, 4ᵉ et 5ᵉ joints.

Il ne faut jamais négliger de vérifier, au moyen de ce tableau, les raccordements des courbes avec les lignes droites, afin d'éviter les jarrets qu'on serait exposé à faire en les traçant au cordeau par les flèches du tableau n° 2.

COURBE A FLÉCHES PROPORTIONNELLES.

Il arrive souvent que l'on a besoin de tracer une courbe de raccordement pour un fossé, un chemin, un mur, un perré, etc... Un tracé très-pratique est celui de la *courbe à flèches proportionnelles* pour lequel il suffit d'un cordeau, ou bien d'une chaîne et de quelques jalons.

Cette courbe se rapproche beaucoup de l'arc de cercle, et comme rien n'est plus facile que de l'appliquer, les ouvriers la vérifient eux-mêmes. Aussi, l'on est assuré qu'elle réussit toujours et qu'elle produit un très-bon effet.

Voici comment on trace cette courbe :

Soient deux lignes droites AB, BC (*fig.* 9) qu'il faut raccorder par une courbe.

On prend deux longueurs égales à partir du sommet d'angle B. Ces longueurs sont plus ou moins

grandes suivant que l'on veut faire une courbe douce
ou une courbe roide ; une fois tracée, du reste, on

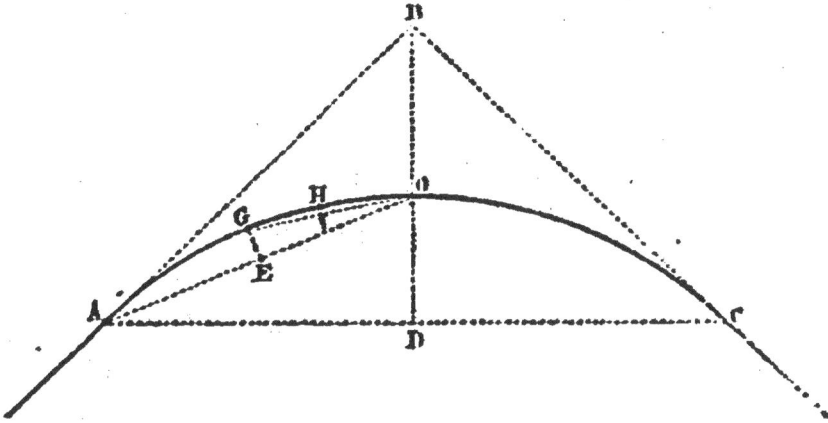

Fig. 9.

$$AB = BC$$
$$BO = OD$$
$$GE = \frac{1}{4} OD$$
$$HI = \frac{1}{4} GE$$

(Et ainsi de suite, en prenant toujours le quart de la flèche
précédente.)

examine si elle passe bien par les points où l'on
veut la diriger et si elle satisfait l'œil ; si l'on ne
réussit pas du premier coup, on essaye alors avec
une autre longueur de tangente.

Supposons donc que l'on a mesuré AB et BC et
que les points A et C indiquent le commencement et
la fin de la courbe.

Du point A au point C, on tend la corde AC et de
son milieu D, on prend la moitié de la distance DB

que l'on porte en O. Le point O est le milieu de la courbe.

Supposons que la flèche DO = 2 mètres.

On porte ensuite le cordeau sur la ligne OA, et au milieu de cette nouvelle corde, on donne une flèche égale au quart de la précédente DO. Le quart de 2 mètres est de 0^m,50. On mesure donc 0^m,50 à partir du point E jusqu'en G qui est un second point de la courbe.

On continue en tendant le cordeau de G en A puis de G en O, et ainsi de suite, en prenant toujours au milieu de la corde une flèche égale au quart de la précédente.

On répète ensuite la même opération pour le côté OC.

On voit que rien n'est plus simple, qu'il n'y a d'autre calcul à faire que de chercher le quart des flèches que l'on obtient successivement, et que l'on peut tracer la courbe avec des points aussi rapprochés qu'on le veut.

POSE DES VOIES.

DESCRIPTION DES VOIES.

Une ligne de chemin de fer, en *plan*, présente des *alignements droits* et des *courbes*.

Sur un chemin à deux voies, il y a la *voie de droite* et la *voie de gauche*. La droite et la gauche sont prises en regardant le point vers lequel se dirigent les trains venant de Paris.

En *profil en long*, la ligne présente des *paliers*, des *pentes* et des *rampes*.

La *fig.* 10 donne le *profil en travers* d'un chemin à deux voies.

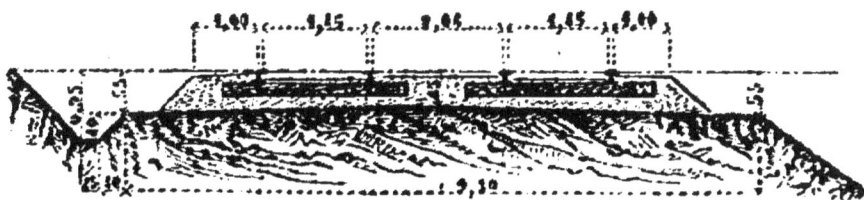

Fic. 10.

Profil en travers d'un chemin de fer à deux voies (1).

On voit, dans ce profil en travers, la *plate-forme des terrassements* sur laquelle repose la couche de

---

(1) Les profils que donnent les *fig.* 10 et 11 sont ceux que l'on applique aujourd'hui sur les travaux neufs de la Compagnie d'Orléans.

ballast. A gauche est indiqué le *fossé d'une tranchée*, et à droite le *talus d'un remblai*.

La plate-forme des terrassements, à l'axe du chemin de fer, est à 0^m,45 au-dessous du niveau des
rails, tandis que l'arête du fossé, ou du remblai, est
à 0^m,55 au-dessous de la même ligne. Il y a donc de
chaque côté une pente de 0^m,10 sur la demi-largeur
de la plate-forme.

Les fossés dans les tranchées ont ordinairement
0^m,40 de profondeur au-dessous de la plate-forme ;
par conséquent, le fond du fossé est à 0^m,95 au-
dessous du niveau des rails.

Sur les chemins de fer à une voie (*fig.* 11), la

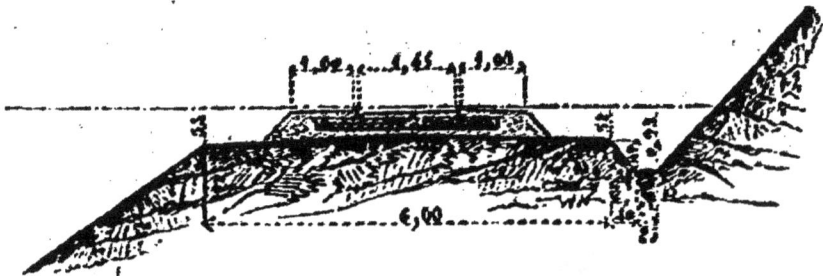

FIG. 11.

Profil en travers d'un chemin de fer à une voie.

plate-forme, en son milieu, est à 0^m,47 au-dessous
du niveau des rails et à 0^m,53 sur l'arête du fossé
ou du remblai. Il y a donc 0^m,06 de pente de chaque côté. Le fossé a 0^m,40 de profondeur, ce qui
en met le fond à 0^m,93 au-dessous du niveau des
rails.

La *largeur de la voie* dans ces profils est partout

de 1m,45 mesurés entre les bords intérieurs des champignons des rails. *L'entre-voie* sur les chemins à deux voies est de 2m,06 mesurés de la même manière.

SYSTÈMES DE VOIES.

Il existe deux systèmes de voies principaux, la voie à coussinets avec rails à *double champignon* et la voie avec rails à patin que l'on appelle ordinairement *voie Vignole* (1).

Ces deux voies diffèrent par le système d'attache sur les traverses. Les rails à double champignon reposent dans des *coussinets* qui sont fixés au moyen de *chevillettes* en fer sur les traverses, et ils sont serrés dans ces coussinets par des coins en bois.

Les rails à patin ou Vignole sont simplement cloués sur la traverse avec des *crampons* en fer.

Le rail à double champignon que l'on emploie aujourd'hui dans la compagnie d'Orléans a la forme indiquée *fig*. 12. Les deux champignons sont semblables, de sorte que le rail peut servir sens dessus dessous.

La *fig*. 13 représente le rail Vignole qui ne

---

(1) Vignole ou Vignolles est le nom d'un ingénieur qui, le premier, a employé ce système de voie en Angleterre.

peut servir que sur les deux côtés du champignon supérieur en le retournant bout pour bout.

FIG. 12.

Rail double champignon.

FIG. 13.

Rail Vignole.

On appelle *patin* la base du rail Vignole reposant sur la traverse.

L'*âme* d'un rail, c'est la partie comprise entre les deux champignons, ou entre le champignon et le patin.

Ces deux rails pèsent l'un et l'autre environ 36 kilog. le mètre.

Les rails à double champignon ont 6ᵐ,60 de longueur ordinairement, et l'on fabrique des rails de 5ᵐ,46 pour le petit rayon des courbes, afin de pouvoir rattraper la différence de longueur qui existe entre le petit et le grand rayon, ainsi qu'on le verra expliqué plus loin.

Les rails Vignole ont 6 mètres de longueur avec des rails courts de 5ᵐ,90.

Les *traverses* sur lesquelles reposent les rails, soit

directement comme le rail Vignole, soit par l'intermédiaire du coussinet, ont de 2ᵐ,50 à 2ᵐ,70 de longueur. Leur largeur varie de 0ᵐ,20 à 0ᵐ,24 et leur épaisseur de 0ᵐ,14 à 0ᵐ,16.

Pour la voie Vignole, on n'emploie que des traverses de chêne ; pour la voie à double champignon, elles sont ordinairement en chêne ou en pin.

Ces deux systèmes de voies sont éclissés. On appelle *éclisses* deux bandes de fer destinées à relier au moyen de *boulons* les extrémités des rails entre elles. A cet effet, les rails et les éclisses sont percés de trous de boulons; il y a quatre boulons à chaque joint de rails.

L'une des *éclisses* est à *rainure*, l'autre est *sans rainure*. La rainure reçoit la tête aplatie du boulon et l'empêche de tourner lorsqu'on serre l'écrou.

Fig. 14.

Éclissage. — Perçage des rails.
Éclisse du rail à double champignon.

La *fig.* 14 représente une éclisse pour rails à double champignon.

La longueur des éclisses est de 0ᵐ,45; les deux trous du milieu sont espacés de 0ᵐ,15 et les trous des extrémités de 0ᵐ,10 (0ᵐ,09 seulement pour l'éclisse du rail Vignole).

Lorsqu'on a des rails à percer, ce qui arrive fré-quemment dans l'entretien, il faut se reporter à ce croquis. L'axe du premier trou est à 72 millimètres du bout du rail et la distance entre les deux trous est de 0ᵐ,10 pour le rail à double champignon (0ᵐ,09 pour le rail Vignole).

Les éclisses épousent la forme du dessous des champignons ; l'éclisse du rail Vignole n'est donc pas semblable à la précédente. Elle a la même lon-gueur, 0ᵐ,45, mais, dans la compagnie d'Orléans, elle diffère par la distance entre les deux trous ex-trêmes qui n'est que de 0ᵐ,09 au lieu de 0ᵐ,10. Le premier trou est toujours percé dans le rail à 72 mil-limètres du bout, comme dans le système à double champignon.

Le milieu des trous du rail Vignole est à 57 milli-

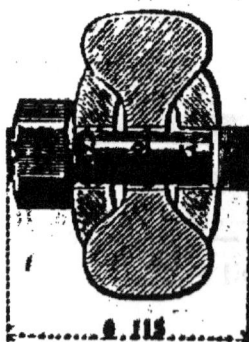

FIG. 15. — Éclisses et boulon d'éclisse.

Diamètre du boulon. . . . .   25 m/m
Diamètre du trou de l'éclisse . . . .   27 m/m
Diamètre du trou du rail . . . . . .   30 m/m

mètres du dessous du patin, soit à 73 millimètres
du dessus du champignon du rail neuf. Dans le rai
à double champignon, les trous sont percés à égale
distance du dessus et du dessous.

La *fig.* 15 montre l'éclissage en coupe. On voit la
tête du boulon engagée dans la rainure de l'éclisse.
Le boulon a 25 millimètres de diamètre; il passe
librement dans le trou de l'éclisse qui a 27 milli-
et dans le trou du rail qui a 30 millimètres.

Pour que l'éclissage soit solide, il faut que les
éclisses portent bien sous les champignons des rails
et que l'écrou des boulons soit serré à fond. Mais il
n'est pas utile que le boulon porte dans le trou du
rail; au contraire, le jeu de 5 millimètres que l'on a
ménagé est nécessaire, car si le boulon passait juste,
il serait cassé par la dilatation des rails.

On remarquera enfin qu'entre cet écrou et l'é-
clisse, il existe une rondelle en fer ayant 2 millimètres et demi de diamètre.

PLANS DE POSE.

Afin de pouvoir éclisser la voie à coussinets, les
joints des rails sont placés en *porte-à-faux*, c'est-
à-dire entre deux traverses. La *fig.* 16 représente
une travée de voie en rails à double champignon
de 5^m,50 de longueur. Il y a six traverses par *travée;* les traverses intermédiaires sont espacées de

0^m,98 d'axe en axe, et l'axe des dernières traverses est à 0^m,30 de l'extrémité du rail.

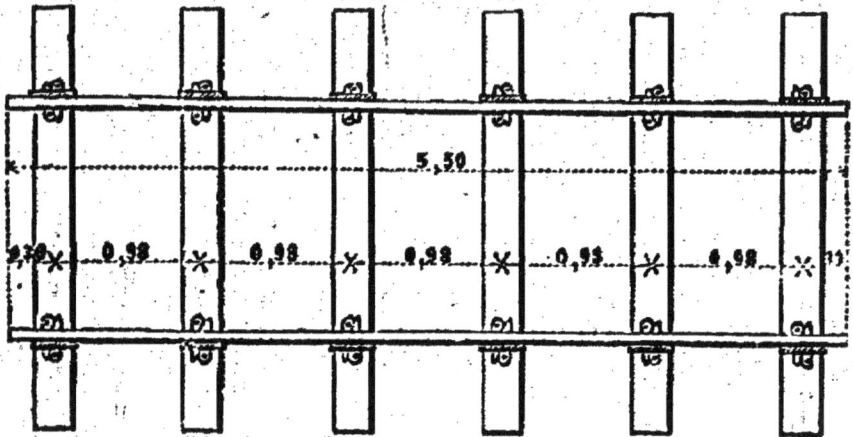

FIG. 16.

Plan de pose d'une travée de voie de 5^m,50 de longueur, en rails à double champignon, avec joints en porte-à-faux.

Cette travée de voie se compose des matériaux suivants :

2 rails à double champignon de 5^m,50 de longueur ;

6 traverses ;

12 coussinets ;

24 chevillettes en fer fixant les coussinets sur les traverses ;

12 coins en bois ;

4 éclisses dont deux à rainure et deux sans rainure (1) ;

8 boulons d'éclisse.

---

(1) Il ne faut compter que 4 éclisses et 8 boulons par travée, puisqu'il n'y a que la moitié de l'éclissage à chaque extrémité.

Les joints des rails de la voie Vignole sont
ordinairement soutenus par une traverse; cependant

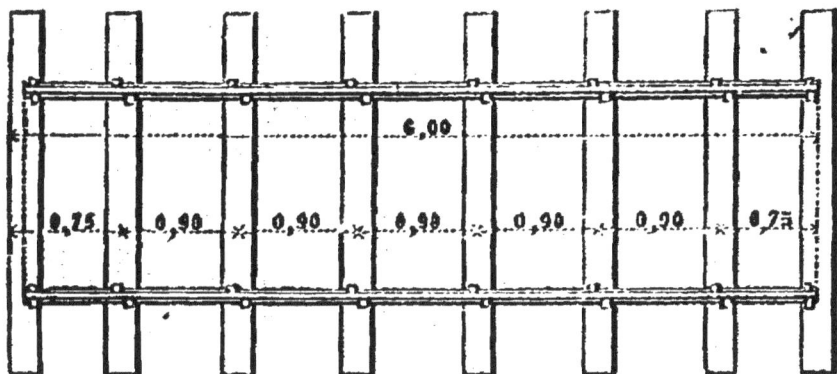

FIG. 17.

Plan de pose d'une travée de voie de 6 mètres de longueur
en rails Vignole.

on peut aussi poser cette voie en porte-à-faux
comme la voie à double champignon.

La *fig.* 17 représente une travée de voie de
6 mètres de longeur en rails Vignole et à joints
soutenus. Il y a, dans ce système, six traverses
intermédiaires espacées de $0^m,90$ d'axe en axe. Les
traverses des extrémités sont placées à $0^m,76$ de la
traverse de joint.

Une travée de voie ainsi établie comprend les
matériaux suivants :

2 rails Vignole de 6 mètres de longeur ;

7 traverses (6 intermédiaires et une demie à
chaque extrémité);

32 crampons ;

4 éclisses ;

8 boulons.

On y ajoute quelquefois des *selles*. Ce sont des plaques de fer que l'on pose entre le rail et la traverse. Suivant les systèmes, on a mis tantôt des *selles de joint*, percées de trous pour le passage des quatre crampons sur la traverse de joint, tantôt des *selles intermédiaires*, à deux trous, que l'on a posées sur les deux traverses du milieu. Sur certaines lignes même, on ne s'est servi ni de selles de joint ni de selles intermédiaires. Leur emploi ne présente, du reste, aucune difficulté.

ENTAILLAGE ET SABOTAGE.

Lorsqu'on veut poser une voie, on approvisionne les matériaux nécessaires d'après les indications qui précèdent. Mais avant d'être employées, les traverses subissent dans les chantiers une préparation qu'il est nécessaire de décrire : c'est l'*entaillage* lorsqu'il s'agit de la traverse pour voie Vignole ; c'est l'entaillage avec le *sabotage* quand il est question de voie à double champignon.

L'*entaillage* de la traverse Vignole est la préparation, avec un outil de charpentier qu'on nomme herminette ou avec une machine spéciale, de l'emplacement du patin du rail sur la traverse.

Il faut savoir d'abord que les rails ne se posent pas d'aplomb, mais qu'ils sont inclinés de $1/20^e$ vers l'intérieur de la voie. L'entaillage doit être fait en conséquence. Ainsi, dans la *fig.* 18, on voit que

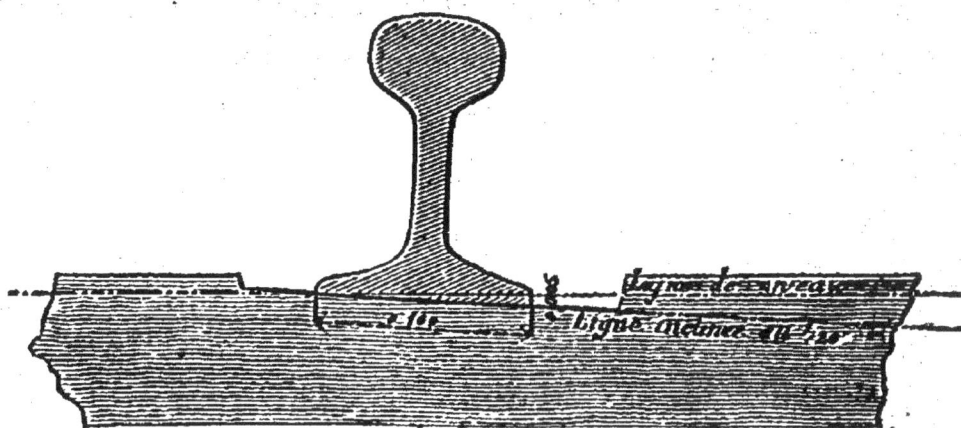

FIG. 18.
Entaillage. — Rail incliné au 1/20°.

pour une largeur de patin de 10 centimètres, il faut entailler la traverse plus profondément de 5 millimètres vers le dedans de la voie.

L'entaillage à l'herminette se fait avec des gabarits en fer portant à chaque extrémité une plaque solidement fixée à l'inclinaison de 1/20°. Ces plaques doivent s'appliquer exactement sur les entailles qui ont de 5 millimètres à 1 centimètre de profondeur du côté de l'extérieur de la voie.

Ce qu'il faut, c'est qu'elles soient assez profondes pour que le rail repose sur le cœur du bois dans toute sa largeur (0ᵐ,10) et sur une longueur de 0ᵐ,12 au moins.

Le *sabotage*, c'est-à-dire la pose du coussinet sur la traverse, nécessite un entaillage qui a pour but de préparer pour le coussinet, une surface parfaitement

3

plane sur le cœur du bois. La profondeur de l'entaille varie de 5 à 10 millimètres, suivant qu'il y a
plus ou moins d'aubier à enlever.

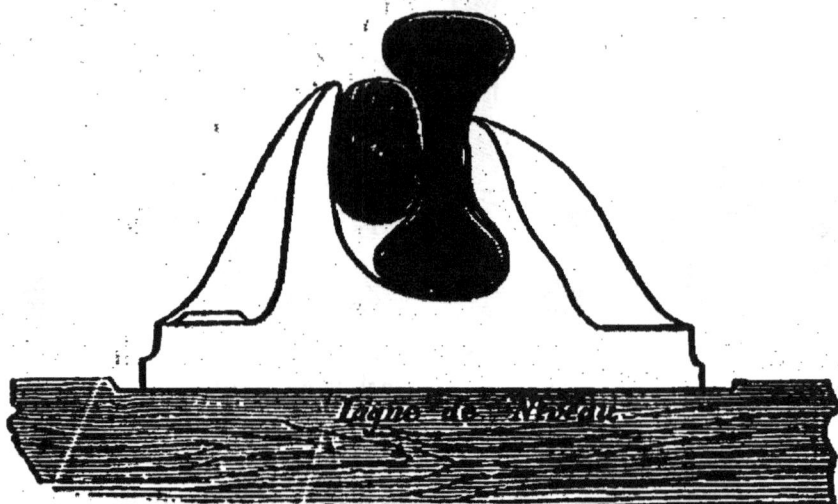

FIG. 19.

Sabotage. — Coussinet.

Les entailles sont pratiquées de niveau, et non
pas à 1/20ᵉ d'inclinaison comme pour les traverses
Vignole, parce que le coussinet donne lui-même
cette inclinaison au rail.

Pour faire les entailles, on se sert d'un gabarit de
sabotage qui est formé tout simplement d'une barre
de fer portant à chaque extrémité un bout de rail ;
on y coince des coussinets et on les présente sur
l'entaille jusqu'à ce qu'ils s'appliquent parfaitement.

L'entaille une fois faite, on emploie le même
gabarit pour le sabotage ; on pose les coussinets
à leur place sur la traverse ; on perce les trous de
chevillettes avec la tarière que l'on fait passer dans

le trou du coussinet ; on cloue et l'on enlève ensuite le gabarit en sortant les coins; le coussinet reste donc sur la traverse à son écartement exact.

Les entailles doivent être placées, autant que possible, à égale distance des extrémités de la traverse et, dans tous les cas, du milieu de l'entaille au bout de la traverse on doit laisser au moins 45 centimètres.

POSE DE LA VOIE VIGNOLE EN LIGNE DROITE.

Si l'on a une voie Vignole à poser, les rails, les traverses entaillées, les crampons, les éclisses et leur boulons étant approvisionnés sur l'atelier, on commence par approcher les traverses à dos d'homme et par les déposer sur le ballast, à peu près à l'emplacement qu'elles doivent occuper. Dans ce but, on se sert d'une règle en bois de la longueur d'un rail, sur laquelle on a indiqué par des clous ou des entailles le milieu de chaque traverse, d'après le plan de pose de la *fig.* 16, ou suivant tout autre plan qui serait indiqué. On marque sur le ballast, au moyen de cette règle, la place où il faut déposer chaque traverse, ou mieux, on a cinq ou six règles que l'on dispose bout à bout sur le côté de la voie ; les coltineurs jettent leurs traverses en face des marques faites sur les règles.

Ensuite on pose les rails bout à bout sur les traverses et on les éclisse avec deux boulons ;

On met les traverses à leur place exacte et l'on cloue ;

Puis on relève la voie à la hauteur qu'elle doit occuper et l'on bourre le ballast sous les traverses ;

Enfin, on rectifie les petites différences d'alignement qui pourraient exister et l'on termine l'opération en plaçant les quatre boulons d'éclisses à tous les joints.

La première précaution à prendre en commençant est de s'assurer si les extrémités des deux premiers rails sont bien sur une même ligne d'équerre. Pour cela, on présente au joint l'*équerre de pose ;* c'est tout simplement une grande équerre en bois dont l'un des côtés est muni d'un rebord qu'on applique contre l'un des rails sur son côté extérieur ; l'autre branche, qui s'appuie sur le rail du côté opposé, est un peu plus longue que la largeur de la voie.

En posant les rails bout à bout, on les aligne aussi bien que possible et on les éclisse avec deux boulons seulement que l'on serre modérément pour que la voie puisse prêter un peu lorsqu'on la relèvera ; on laisse entre les rails un *joint* dont on assure la dimension en y plaçant une petite cale en fer que l'on peut recourber à angle droit, ce qui l'empêche de tomber (*fig.* 20).

La dimension des joints varie avec la température. Chacun sait, en effet, que les rails, comme

tous les corps, s'allongent avec les chaleurs et que
le froid les raccourcit ; il faut donc laisser un joint
plus grand en hiver qu'en été.

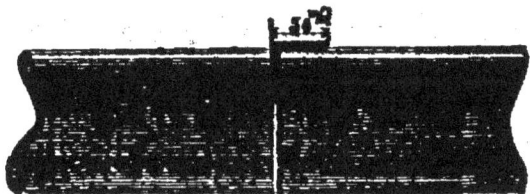

FIG. 20.

Cale en fer pour joints de rails.

Voici comment on peut régler les joints :

6 millimètres en temps de gelée ;

4   id.   à une température moyenne (15 d°) ;

2   id.   pendant les grandes chaleurs.

On doit prendre toutes les précautions nécessaires
pour obtenir la plus grande exactitude dans la
répartition des joints et se garder surtout de les
faire trop petits ; mieux vaut les avoir un peu
grands au début, parce que, au bout de peu de
temps, les bouts des rails s'écrasant sous la charge
des trains, le métal refoulé diminue la dimension
du joint.

On fera bien, dans la pose neuve, de laisser les
cales sur quinze ou vingt longueurs en arrière, afin
d'éviter que les poseurs, en approchant les rails
bout à bout, en *tamponnant* comme ils disent, ne
resserrent les joints précédemment réglés. Un
atelier de pose doit donc être muni d'une cinquan-
taine de cales à joints de chaque dimension.

Il faut prendre garde de laisser des cales dans les joints lorsque le travail est terminé, parce que cela génerait la dilatation des rails. Rien ne résiste à cet effort d'allongement causé par la chaleur ; les rails qui ne trouvent pas l'espace nécessaire pour se dilater se tordent en disloquant la voie.

Les rails étant éclissés provisoirement, il faut mettre les traverses à leur place exacte, en présentant à chaque rail la règle en bois divisée dont il a été parlé plus haut, et en faisant une marque à la craie sur le champignon à l'emplacement que doit occuper chaque traverse.

Il faut marquer les deux files de rails, pour éviter de poser les traverses en biais.

CLOUAGE DES CRAMPONS.

On passe alors au *clouage* des crampons. Cette opération, une des plus importantes de la pose, exige beaucoup de soin.

Pour aller vite et pour faire bien en même temps, on commence par aliguer une file de rails et par la clouer. Puis, par derrière, on fait suivre d'autres cloueurs qui cramponnent la seconde file.

Les premiers n'ont à se préoccuper que du perçage et du clouage, tandis que les autres, qu'il faut choisir parmi les meilleurs poseurs, doivent donner à la voie son écartement.

Pour cela, on place d'abord le *gabarit d'écar-*

tement d'un rail à l'autre aussi près que possible de la traverse sur laquelle on veut cramponner.

Le gabarit d'écartement (*fig.* 21) est une règle en fer qui donne l'écartement de la voie entre les bords intérieurs des champignons. Cet écartement est, comme on l'a vu déjà, de 1^m,45.

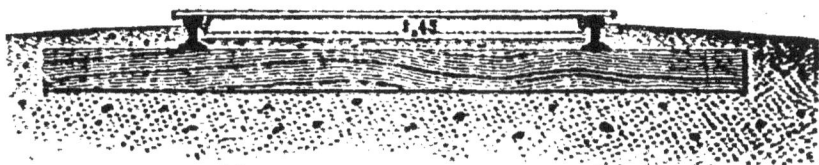

Fig. 21.
Gabarit d'écartement.

Le gabarit d'écartement doit être présenté d'équerre aux rails.

On perce ensuite les *trous de tarière* en appliquant l'outil exactement contre le patin, de façon que le crampon une fois enfoncé touche parfaitement le rail et qu'il soit d'équerre à l'entaille de la traverse.

Les trous doivent avoir 8 centimètres de profondeur : s'ils sont moins profonds, on risque, en enfonçant le crampon, de faire fendre la traverse ; s'ils le sont davantage, le crampon tient moins solidement. Ce qu'il faut, c'est que le taillant du crampon pénètre de lui-même dans le bois (*fig.* 22).

On fera bien, pour obtenir ce résultat, de marquer par un coup de lime, à 8 centimètres, les tarières à cuiller. Pour les tarières à vrille, comme il ne faut pas tenir compte de la pointe, on peut les

marquer à 9 centimètres, cette pointe ayant de 1 à
2 centimètres de longueur.

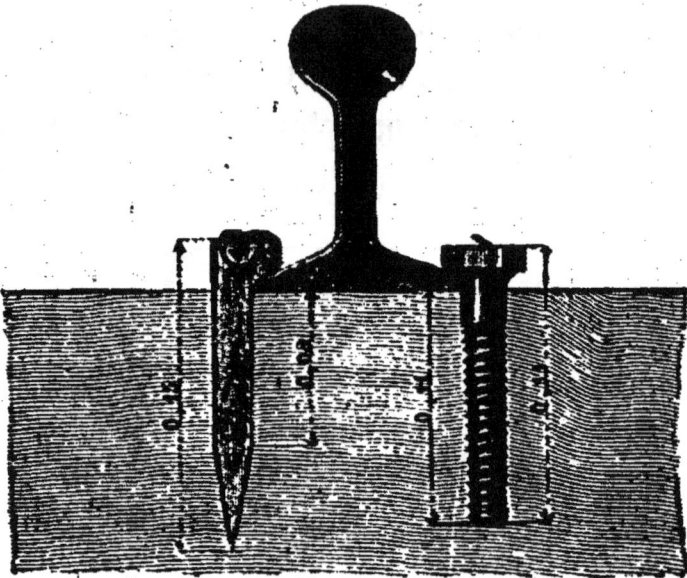

FIG. 22.

Crampons et tire-fonds.

Le diamètre des tarières est de 15 millimètres ; il
convient pour les trous de crampons comme pour
ceux de chevillettes.

On ne doit pas percer en face l'un de l'autre
deux trous de tarière sur la même traverse, car on
pourrait la fendre en enfonçant ainsi deux crampons dans les mêmes fibres du bois: A plus forte
raison, il faut y faire attention sur la traverse de
joint où il y a quatre crampons.

Les trous une fois percés, on commence le *clouage*
par les traverses de joint ; on soulève la traverse et
on la soutient avec un *levier* ou avec deux pinces ; puis
on enfonce les crampons avec le *marteau à cram-*

ponner en observant qu'il faut, pendant le clouage, que le gabarit d'écartement reste appliqué aussi près que possible du cloueur.

On ne doit jamais frapper sur un crampon sans que la traverse ne soit soutenue, et, lorsqu'il arrive à fond, il faut terminer à petits coups de crainte d'en faire sauter la tête.

En enfonçant les crampons, on les dirige de manière à les faire toucher parfaitement le patin du rail. Si les crampons ne serrent pas tous le rail, ils sont ébranlés plus facilement les uns après les autres par le passage des trains, et la voie prend rapidement de l'élargissement.

Lorsque les traverses de joint sont clouées, on enfonce les crampons sur les traverses intermédiaires, en appliquant toujours à côté de soi le gabarit d'écartement et en maintenant le milieu de chaque traverse sous les marques à la craie qui ont été faites à chaque rail.

Sur deux des traverses intermédiaires les crampons s'engagent dans des entailles qui sont pratiquées dans le patin du rail. Le but de cette mesure est de s'opposer à l'entraînement des rails dans le sens de leur longueur. On a remarqué, en effet, que les voies étaient entraînées par les trains, principalement dans les pentes, et qu'il était nécessaire de s'y opposer.

Les crampons doivent toucher le fond des en-

3.

tailles; il faut donc percer en conséquence avec soin le trou de tarière.

Sur certaines lignes, au lieu de crampons, on emploie des *tire-fonds* : ce sont de fortes vis que l'on fait entrer avec une clef à béquille. Le trou de tarière doit être percé à 11 centimètres de profondeur. La *fig.* 21 représente d'un côté un crampon et de l'autre un tire-fond.

On ne doit jamais frapper sur les tire-fonds; le petit ergot que l'on aperçoit sur la tête permet de reconnaître si l'on a frappé, car dans ce cas il est écrasé.

RELEVAGE.

Le cramponnage terminé, on remplit de ballast l'intervalle compris entre les traverses et l'on procède au relevage.

Le *relevage* consiste à mettre la voie à la hauteur qu'elle doit occuper.

Ordinairement les piquets qui indiquent le niveau des rails et l'alignement sont espacés de 200 mètres dans les lignes droites, et, pour qu'ils ne soient pas dérangés, ils sont plantés sur le côté.

Au point de départ, on met le rail le plus rapproché de la ligne des piquets de niveau avec le point de hauteur, au moyen de la règle à dévers et du niveau de poseur.

La *règle à dévers* est en bois; elle doit être bien dressée et de largeur uniforme; elle est faite spécialement, ainsi que son nom l'indique et comme on le verra plus loin, pour donner le dévers dans les courbes (*fig.* 24, p. 62).

Le *niveau de poseur* est simplement un niveau à bulle d'air, de poche.

On comprend facilement comment il faut se servir de ces instruments pour mettre le rail de niveau avec le point de hauteur marqué sur le piquet : on soulève la traverse avec un levier et on la consolide avec du ballast jusqu'à ce que la bulle appliquée sur la règle indique que le rail est à niveau.

On fait la même opération en face du piquet suivant, et l'on obtient ainsi deux points exacts de hauteur à 200 mètres de distance l'un de l'autre.

Le nivellement de la voie entre ces deux points se fait ensuite avec les nivelettes.

Un *jeu de nivelettes* se compose de trois piquets exactement de même hauteur, munis d'un voyant à la partie supérieure. Le dessus de ce voyant doit être parfaitement d'équerre au piquet et les nivelettes doivent toujours être plantées d'aplomb.

La *fig.* 23 représente un jeu de nivelettes; celle qui est munie d'un piquet ferré qu'on plante dans le ballast afin qu'elle se tienne seule, se place en face de l'un des deux piquets de tracé dont il vient d'être parlé; son voyant a une hauteur deux fois plus grande que celle du voyant des deux autres nivelettes et il est peint moitié en noir, moitié en blanc. On vise sur la ligne de séparation de ces deux couleurs qui est à la hauteur du dessus des nivelettes mobiles.

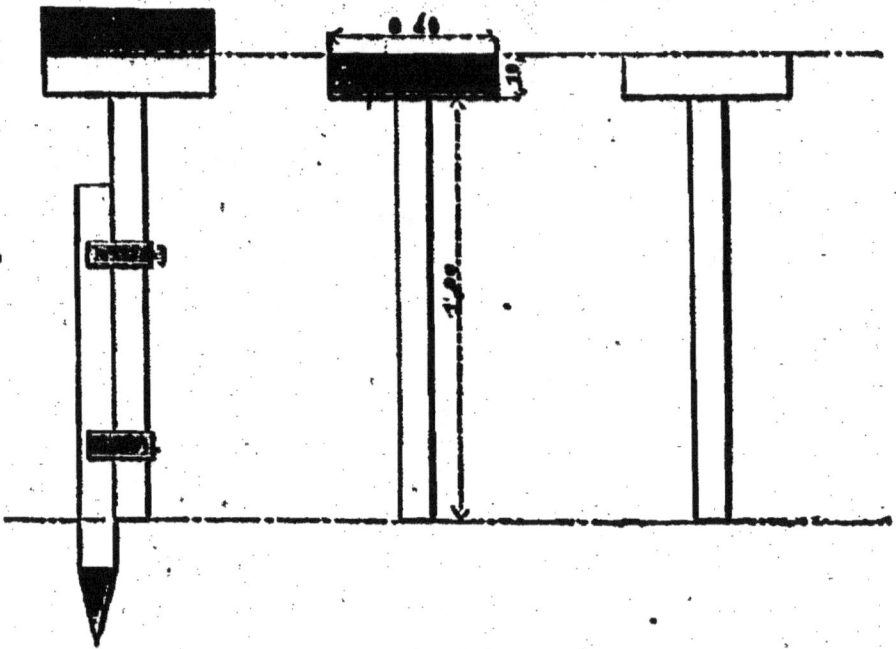

Fig. 23.

Jeu de nivelettes.

On voit immédiatement qu'il faut présenter la ni-velette du milieu sur le rail, que l'on relève jusqu'à ce que cette nivelette soit amenée à la hauteur des deux autres. Le chef de pose tient à la main la pre-mière nivelette qu'il appuie sur le rail en face de l'autre piquet de tracé, et il commande l'opération.

Le relevage se fait avec le levier que l'on engage sous une traverse; quand la voie est à hauteur, on cale cette traverse avec du ballast; on relève suc-cessivement à hauteur les joints et les milieux d'une même file de rails; puis on met les deux rails de niveau en appliquant en travers de la voie la règle et le niveau de poseur.

Le procédé qui vient d'être décrit et qui consiste à dresser avec les nivelettes une file de rails, puis à régler l'autre ensuite avec le niveau à bulle d'air, est un peu long, et dans beaucoup de cas, surtout en ligne droite, il vaut mieux employer un procédé plus rapide qui consiste à dresser à la fois les deux files de rails avec les nivelettes. Pour cela on fait tenir à la main la nivelette la plus éloignée ainsi que celle du milieu, et, lorsqu'on a mis à hauteur le rail d'un côté, on passe immédiatement avec toutes les nivelettes sur l'autre, de sorte que la voie se trouve relevée à la fois sur les deux files. On emploie un levier de chaque côté afin de ne pas perdre de temps.

En relevant il ne faut pas appliquer le levier sous les rails, parce qu'on ébranlerait les crampons, et il faut se garder de relever trop, car on aurait ensuite beaucoup de peine pour baisser la voie. On comprend en effet que, pour la ramener au niveau exact qu'elle doit occuper, il faudrait d'abord enlever du ballast sous les traverses, baisser la voie au-dessous de son niveau et relever ensuite.

Tout en faisant le relevage, on doit veiller à la conservation aussi exacte que possible de l'alignement ; si l'on en est sorti, on dresse avec les pinces à riper. Ce dressage n'est pas le dernier cependant, car on devra y revenir après le bourrage ; mais il est nécessaire, pendant tout le temps de la pose, de ne pas s'écarter sensiblement de l'alignement; sans cela les joints ne seraient pas toujours réguliers, le bourrage ne serait pas fait où il convient, etc. On reparlera tout à l'heure du dressage et des précautions qu'il exige.

BOURRAGE.

Après le relevage de la voie, lorsque les deux files de rails sont bien à la hauteur voulue, on procède au *bourrage*. D'abord, avec la pelle, on remplit la voie de ballast, qu'ensuite avec la *batte* on serre sous les traverses. La batte de poseur est un outil emmanché comme la pioche, qui porte d'un côté un bourroir et de l'autre une espèce de spatule qu'on appelle *langue de carpe*.

Le bourrage doit être très-énergique sous le rail et jusqu'à 20 ou 30 centimètres environ de part et d'autre; on bourre un peu plus légèrement vers les bouts de la traverse et plus légèrement encore au milieu. On comprend que si l'on bourrait fortement le milieu on pourrait décaler les bouts, et alors les traverses oscilleraient au passage des trains. Ainsi, c'est sous le rail qu'il faut serrer fortement le ballast et consolider la traverse, et il est nécessaire de ne rien négliger pour cela.

Le chef de pose doit surveiller attentivement le bourrage, exiger que les poseurs bourrent le ballast sur les quatre côtés du rail, c'est-à-dire en de-

hors et en dedans de la voie, et non pas d'un côté
en dehors et de l'autre côté en dedans comme on le
fait quelquefois, ce qui donne une mauvaise voie
au bout de peu de temps. Il doit s'assurer aussi,
en frappant avec le marteau sur les traverses, qu'on
n'en a oublié aucune, ce qui peut arriver sur les
ateliers de pose où l'on exécute un travail pressant
avec un grand nombre d'ouvriers.

Sur les lignes à double voie, il est recommandé
de bourrer plus énergiquement sur le côté de la traverse opposé à l'arrivée des trains.

Sur les voies à joints en porte-à-faux, on doit
faire avec un soin tout particulier le bourrage des
traverses les plus voisines du joint, parce qu'on a
remarqué dans l'entretien que ces traverses étaient
celles qui obligeaient d'y revenir le plus souvent.

Le bourrage terminé, il reste à régulariser l'alignement. On a eu soin, comme on l'a dit, de le conserver toujours, de manière à n'avoir à faire après
le bourrage qu'un dressement de peu d'importance.

DRESSAGE.

Le *dressage* ou *ripage* se fait avec les *pinces à riper*. On met d'abord le rail le plus voisin des piquets
de tracé à la distance qui aura été indiquée, et l'on
aligne à l'œil les intervalles compris entre ces points.
Le chef de pose qui commande de porter la voie
à droite ou à gauche doit se tenir à une assez

grande distance des poseurs pour bien juger de l'alignement.

Il ne faut jamais riper sans dégarnir de ballast les bouts des traverses, du côté où l'on veut porter la voie. S'il y a trop de résistance, en effet, on ébranle les crampons et l'on disloque la voie, car l'effort des pinces est appliqué sous les rails et les traverses suivent le mouvement, entraînées par les crampons.

Ce qu'il ne faut jamais faire non plus pour dresser la voie, c'est de frapper avec la tête des pinces sur le flanc des rails. Le mal n'est pas toujours visible à l'œil immédiatement, mais il n'en existe pas moins.

Par la même raison, on ne doit pas frapper non plus sur le rail pour tasser la traverse.

ÉCLISSAGE.

C'est lorsque la voie est bourrée et dressée qu'on doit compléter l'*éclissage*, lequel n'a été fait l'en commençant qu'avec deux boulons seulement.

On place les quatre boulons à chaque joint et l'on serre les écrous avec une *clef à fourche* dont la longueur est fixée dans la compagnie d'Orléans à 0ᵐ,45. Des clefs plus longues donneraient plus de force, il est vrai, mais on en défend l'usage parce qu'il faut éviter que par un serrage excessif on détériore le filet du boulon. On s'est assuré en effet qu'avec une clef de 0^m,60 de longueur, par exemple, un homme robuste arrache le boulon facilement.

RÈGLEMENT DU BALLAST.

Il ne reste plus alors, pour compléter la pose de la voie, qu'à régler le ballast suivant le profil. On en trouvera les dimensions sur les *fig.* 9 et 10.

Le ballast, dans l'intérieur de la voie, doit être arasé à 0^m,08 au-dessous du niveau des rails; en dehors de la voie, il ne doit pas dépasser le dessous du champignon.

OBSERVATION GÉNÉRALE.

Pendant la durée de la pose, il faut éviter de faire passer des trains sur la voie avant qu'elle ne soit bourrée et cramponnée complétement. Si les traverses ne sont pas soutenues, le rail se fausse et les crampons sont arrachés; si tous les crampons ne sont pas en place, ceux qui sont posés peuvent être ébranlés parce qu'ils supportent seuls l'effort qui devrait se répartir sur tous à la fois. C'est un mal irréparable dont on s'aperçoit au bout de quelque temps d'entretien et, ainsi qu'on l'a déjà dit, il ne faudrait pas croire qu'il n'existe pas parce que, quelquefois, il n'est pas sensible à l'instant.

La pose de la voie est une opération délicate qui doit être confiée à des hommes habiles et consciencieux, à qui l'on demande de bien faire avant tout, car si le travail est mal établi primitivement, l'entretien en sera coûteux et difficile.

POSE DE LA VOIE A DOUBLE CHAMPIGNON.

La voie à double champignon se pose plus facilement que la voie Vignole, puisque l'écartement est donné par les coussinets dans lesquels il suffit d'engager les rails, et qu'il n'y a pas de crampons à enfoncer.

Pour cette pose, voici dans quel ordre se font les opérations :

Coltiner les traverses et les déposer à peu près à leur place ;

Aligner les coussinets ;

Coltiner les rails et les emmancher dans les coussinets en ayant soin de conserver la dimension des joints ;

Éclisser avec deux boulons ;

Marquer à la craie sur les rails la position exacte des traverses ;

Mettre les traverses en place en les ripant, les soulever avec la pince et coincer ;

Relever la voie, la remplir de ballast et bourrer ;

Placer les deux derniers boulons d'éclisse ;

Dresser l'alignement et enfin régler le profil du ballast.

Ces diverses opérations viennent d'être décrites

pour la pose de la voie Vignole ; elles sont les mêmes pour la voie à double champignon.

Si l'on avait à saboter des traverses, c'est-à-dire à poser des coussinets, on remarquerait que les trous de tarières à percer doivent avoir 9 centimètres de profondeur et que les chevillettes doivent être enfoncées avec soin en plaçant leur tranchant, lorsqu'elles en ont, perpendiculairement à la direction des fibres du bois, pour qu'elles ne fassent pas fendre la traverse. (Les nouvelles chevillettes n'ont pas de tranchant.) De plus, pour compléter le goudronnage des trous, notamment dans les traverses en pin, on trempe les chevillettes dans du coltar avant de les enfoncer.

Les coins en bois doivent être placés avec précaution, de manière à ne pas les refouler contre les arêtes des coussinets ni les écraser sous les coups de chasse ; ils doivent porter dans toute la longueur du coussinet.

Les coins sont chassés dans le sens des pentes ; pour les parties en palier, on les chasse dans le sens des pentes arrivant au palier et, sur les lignes à deux voies, dans le sens de la marche des trains.

Les coins doivent être conservés avant leur emploi dans des endroits couverts, à l'abri de l'humidité.

Dans la voie éclissée en porte-à-faux dont il s'agit ici, les coins des coussinets sur les traverses les plus voisines du joint ne peuvent être enfoncés aussi loin que les autres coins, parce qu'ils sont arrêtés par l'éclisse. On est obligé souvent, afin d'obtenir un bon serrage, de les raccourcir à la scie, du côté de leur petit bout, de 7 à 8 centimètres.

POSE DE LA VOIE DANS LES COURBES.

Dans les courbes, la file extérieure des rails que l'on appelle communément le *grand rayon* a plus de développement que la file intérieure ou le *petit rayon*. Aussi lorsque la pose de la voie arrive à l'entrée d'une courbe avec des joints à l'équerre, il en résulte qu'en la continuant, les rails du petit rayon avancent sur ceux du grand rayon et, au bout d'une certaine longueur, d'autant plus courte que le rayon de la courbe est plus petit, la *fausse équerre* deviendrait si grande que la pose des traverses de joint ne serait plus possible.

C'est pour remédier à cela que l'on a fabriqué des rails courts de 5^m,46 pour la voie à double champignon et de 5^m,90 pour la voie Vignole.

Dans cette dernière voie, par exemple, lorsque le rail du petit rayon avance de 0^m,05 sur le grand, ce que l'on reconnaît avec l'équerre de pose, on ne laisse pas augmenter cette différence et l'on pose un rail de 5^m,90, ce qui fait que le petit rayon, au lieu d'être en avance de 0^m,05, se trouve alors en retard de 0^m,05. On continue avec des rails de 6 mètres, mais le petit rayon gagne toujours et rattrape la différence. Lorsqu'il a de nouveau dépassé le grand rayon de 0^m,05, on pose un autre rail de 5^m,90 et ainsi de suite.

On voit donc qu'avec les rails courts, on ne doit pas avoir, dans la voie Vignole, plus de 0^m,05 de fausse équerre et pas plus de 0^m,02 dans la voie à double champignon.

Pour l'approvisionnement des rails d'une voie en courbe, il faut chercher quel est le nombre de rails courts nécessaire. Le tableau suivant donne le moyen de le calculer aisément par rapport à la longueur de la courbe.

EMPLOI DES RAILS COURTS.
USAGE DU TABLEAU N° 4.

Le tableau n° 4 indique le nombre de rails courts à employer pour 100 mètres de longueur de courbe. Ainsi, par exemple, on y trouve que pour une courbe de 300 mètres de rayon, il faut pour 100 mètres de longueur de courbe 5 rails de 5^m,90 (colonne 3).

Supposons maintenant que l'on ait à calculer le nombre de rails de 5^m,46 qu'il faut approvisionner pour une courbe de 400 mètres de rayon dont la longueur est de 360 mètres.

On trouve dans la colonne (2) du tableau n° 4 qu'il faut par 100 mètres 9 rails courts et 4 dixièmes ; pour 300 mètres, il en faudra donc trois fois plus et, pour les 60 mètres restants, 60 centièmes en plus, c'est-à-dire qu'il faut multiplier le chiffre du tableau 9,4 par 3,60 ce qui donne 33 rails et 84 centièmes.

TABLEAU N° 4.

Nombre de rails courts a employer dans les courbes.

RAYONS des courbes. (1)	POCR 100 MÈTRES de longueur de courbe.	
	Nombre de rails de 5m,46 (double champignon). (2)	Nombre de rails de 5m,90 (Vignole). (3)
	rails.	rails.
200	»	7,5
250	15,0	6,0
300	12,5	5,0
350	10,7	4,3
400	9,4	3,8
450	8,3	3,3
500	7,5	3,0
600	6,3	2,5
700	5,4	2,1
800	4,7	1,9
900	4,2	1,7
1.000	3,8	1,5
1.200	3,1	1,2
1.400	2,7	1,1
1.600	2,3	0,9
1.800	2,1	0,8
2.000	1,9	0,7
2.500	1,5	0,6
3.000	1,2	0,5
3.500	1,1	0,4
4.000	0,9	0,4
5.000	0,7	0,3

Ce chiffre de 33,84 étant plus rapproché de 34 que de 33, il faudra donc approvisionner 34 rails de 5^m,46.

On procédera de même pour tous les cas.

On remarquera qu'il n'y a pas de chiffre dans la colonne (2) pour la courbe de 200 ; c'est que l'on n'arriverait pas à rattraper la différence des deux rayons de cette courbe, même en ne posant sur le petit rayon que des rails de 5^m,46 et sur le grand que des rails de 5^m,50 ; il faudrait donc, si l'on avait une voie à double champignon en courbe de 200 mètres de rayon, employer des rails plus courts.

TRACÉ DES COURBES.

Dans les courbes, les piquets de tracé pour la pose de la voie sont espacés ordinairement de 50 mètres. Pour régler les courbes dans l'intervalle de ces piquets, on se servira du cordeau et des tableaux n°s 2 et 3, pages 20 et 23.

COURBURE DES RAILS.

Sur la longueur d'un rail, dans les courbes de faible rayon, la courbure est très-sensible. On trouvera sur le tableau suivant la flèche des rails de 5^m,50 et de 6 mètres de longueur pour les courbes de 150 à 2.000 mètres de rayon.

TABLEAU N° 5.

Courbure des rails.

RAYONS des courbes.	FLÈCHES POUR UN RAIL.	
	de 5ᵐ,50.	de 6ᵐ.
(1)	(2)	(3)
m	m.	m.
100	0,038	0,045
150	0,025	0,030
180	0,021	0,025
200	0,019	0,023
250	0,015	0,018
300	0,013	0,015
350	0,011	0,013
400	0,009	0,011
450	0,008	0,010
500	0,007	0,009
600	0,006	0,008
700	0,005	0,007
800	0,005	0,006
1.000	0,004	0,005
1.200	0,003	0,004
1.500	0,003	0,003
2.000	0,002	0,002

Sur certaines lignes, on donne à l'avance la courbure aux rails en les laissant tomber à plat d'une certaine hauteur sur deux traverses. L'expérience indique la hauteur de chute convenable, laquelle est variable suivant la nature des fers. On peut se guider sur l'approximation suivante :

Un rail Vignole de 6 mètres, tombant de 0ᵐ,80 de

hauteur, sur deux traverses espacées de 5^m,50, prend une flèche de 5 millimètres correspondant au rayon 1.000.

A 1 mètre de hauteur, on obtient la flèche de 9 millimètres du rayon 500, et avec une chute de 1^m,20, la flèche de 15 millimètres de la courbe de 300.

Mais le plus souvent, et même pour des courbes très-roides, 300 mètres de rayon par exemple, on ne courbe pas les rails à l'avance. Lorsqu'ils sont en place, et la voie garnie de ballast, on obtient parfaitement la courbure avec les pinces à riper. Si la voie n'est pas bien garnie, on comprend que le rail cède en entier sous l'effort des pinces et qu'il ne se courbe pas.

Beaucoup des rails que l'on a ainsi courbés font ressort et redeviennent droits, quoique la voie soit bien ballastée. On en est quitte pour repasser une seconde fois avec les pinces et, en général, cela suffit pour longtemps.

SURHAUSSEMENT OU DÉVERS.

En ligne droite, les deux rails dans le sens transversal sont posés au même niveau ; cependant, lorsqu'on établit une voie sur un remblai neuf et assez élevé, on doit, pour parer aux effets des tassements qui sont toujours plus forts près du talus que dans le milieu du remblai, surélever le rail extérieur de

1 centimètre. Cette observation, on le comprend, s'applique aux remblais faits pour deux voies; sur les chemins à voie unique, lorsque le remblai est beaucoup plus élevé d'un côté que de l'autre, c'est alors du côté où l'on craint le plus fort tassement qu'il faut donner cette surélévation.

En courbe, le rail du grand rayon doit présenter un *surhaussement* par rapport au rail du petit rayon. C'est ce dernier qui est toujours posé exactement à la hauteur du profil en long indiqué par les piquets du tracé,

Le *dévers* de la voie varie suivant le rayon des courbes et il est calculé pour certaines vitesses des trains. Il est indiqué aux poseurs par *la règle à dévers* dont il a déjà été parlé et qui se trouve représentée ci-dessous :

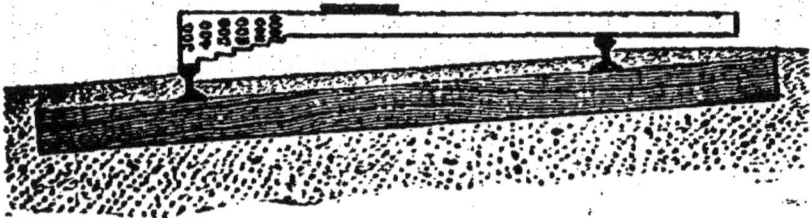

Fig. 24.

Règle à dévers et niveau de poseur.

Les crans de la règle portent l'indication du rayon des courbes auxquelles ils s'appliquent. Ainsi, dans la *fig.* 24, la règle est placée pour le surhaussement en courbe de 300 mètres de rayon.

Le tableau n° 6 indique le surhaussement qu'il

faudrait donner pour diverses vitesses. Quoique, ainsi qu'on vient de le dire, le dévers soit indiqué aux poseurs par la règle qui leur est donnée, on peut, dans certains cas, avoir occasion de consulter ce tableau. Par exemple, dans les voies des gares et notamment aux approches des croise-

TABLEAU N° 6.

Surhaussement du rail du grand rayon dans les courbes.

RAYONS des courbes. (1)	SURHAUSSEMENT, pour une vitesse en kilomètres par heure de				
	30k. (2)	50k. (3)	60k. (4)	70k. (5)	80k. (6)
m.	m.	m.	m.	m.	m.
300	0,035	0,098	0,142	0,192	0,252
350	0,030	0,084	0,121	0,165	0,216
400	0,027	0,074	0,106	0,145	0,186
450	0,023	0,065	0,093	0,128	0,167
500	0,021	0,059	0,085	0,116	0,151
600	0,018	0,049	0,071	0,096	0,126
700	0,015	0,042	0,061	0,083	0,108
800	0,013	0,037	0,053	0,072	0,094
900	0,012	0,033	0,047	0,064	0,084
1.000	0,011	0,029	0,042	0,058	0,076
1.200	0,009	0,025	0,035	0,048	0,063
1.400	0,008	0,021	0,030	0,041	0,054
1.600	0,007	0,018	0,026	0,036	0,047
1.800	0,006	0,016	0,024	0,032	0,042
2.000	0,005	0,015	0,021	0,029	0,033
2.500	0,004	0,012	0,017	0,023	0,030
3.000	0,004	0,010	0,014	0,019	0,025
3.500	0,003	0,008	0,012	0,017	0,022
4.000	0,003	0,007	0,011	0,015	0,019
5.000	0,002	0,006	0,009	0,012	0,015

ments de voies, le dévers doit être réduit et même quelquefois supprimé suivant les circonstances. Le plus souvent, dans les stations, on se contente de donner le dévers pour une vitesse de 30 kilomètres à l'heure (colonne 2 du tableau n° 6).

Le dévers indiqué par la règle doit exister sur toute la longueur des courbes, ce qui revient à dire que le surhaussement se rachète sur les lignes droites.

Lorsqu'on le peut, comme sur les lignes à courbes de grand rayon séparées par de longs alignements, on fait le raccordement à raison de 1 millimètre par mètre. Par exemple, le dévers d'une courbe de 1.000 mètres pour 60 kilomètres à l'heure étant, d'après le tableau n° 5, de 42 millimètres, la longueur du raccordement est de 42 mètres que l'on mesure sur l'alignement droit à partir du commencement et de la fin de la courbe.

Sur les lignes accidentées, on ne peut pas toujours aller aussi loin, mais pour des vitesses de 50 et de 60 kilomètres à l'heure, il n'y a pas d'inconvénient à faire le raccordement à raison de 2 millimètres par mètre. Ainsi, le dévers pour la vitesse de 60 kilomètres d'une courbe de 300 mètres étant de 142 millimètres, on le raccordera sur 71 mètres de longueur (142 millimètres contiennent en effet 71 fois 2 millimètres); pour une courbe de 400 et la même vitesse, le raccordement se ferait sur 53 mètres (dévers 106 millimètres), et de même pour les autres cas.

Si l'on avait une courbe et une contre-courbe, séparées par un alignement droit trop court pour permettre le raccordement à 2 millimètres, on prendrait le milieu de cet alignement pour le point de départ des deux plans inclinés.

SURÉCARTEMENT.

Dans les courbes de faible rayon, on donne sur la plupart des lignes un surélargissement de 1 centimètre à la voie, c'est-à-dire qu'au lieu de 1^m,45 on prend 1^m,46 entre les bords intérieurs des champignons.

On raccorde le surélargissement sur deux longueurs de rails dans la courbe ; ainsi, au point de tangence on a 1^m,45 ; au premier joint dans la courbe 1^m,455, et 1^m,46 au deuxième joint.

RACCORDEMENT DES PENTES.

Lorsque la voie arrive à un *changement de pente*, il ne faut pas passer brusquement de l'une à l'autre, mais on doit les raccorder par une succession de plans ayant chacun 10 mètres de longueur pour chaque différence de pente de 1 millimètre.

Le raccordement est toujours établi, moitié en deçà, moitié au delà du point d'intersection indiqué par le piquet ou le poteau de changement de pente.

Cette précaution est surtout importante pour les

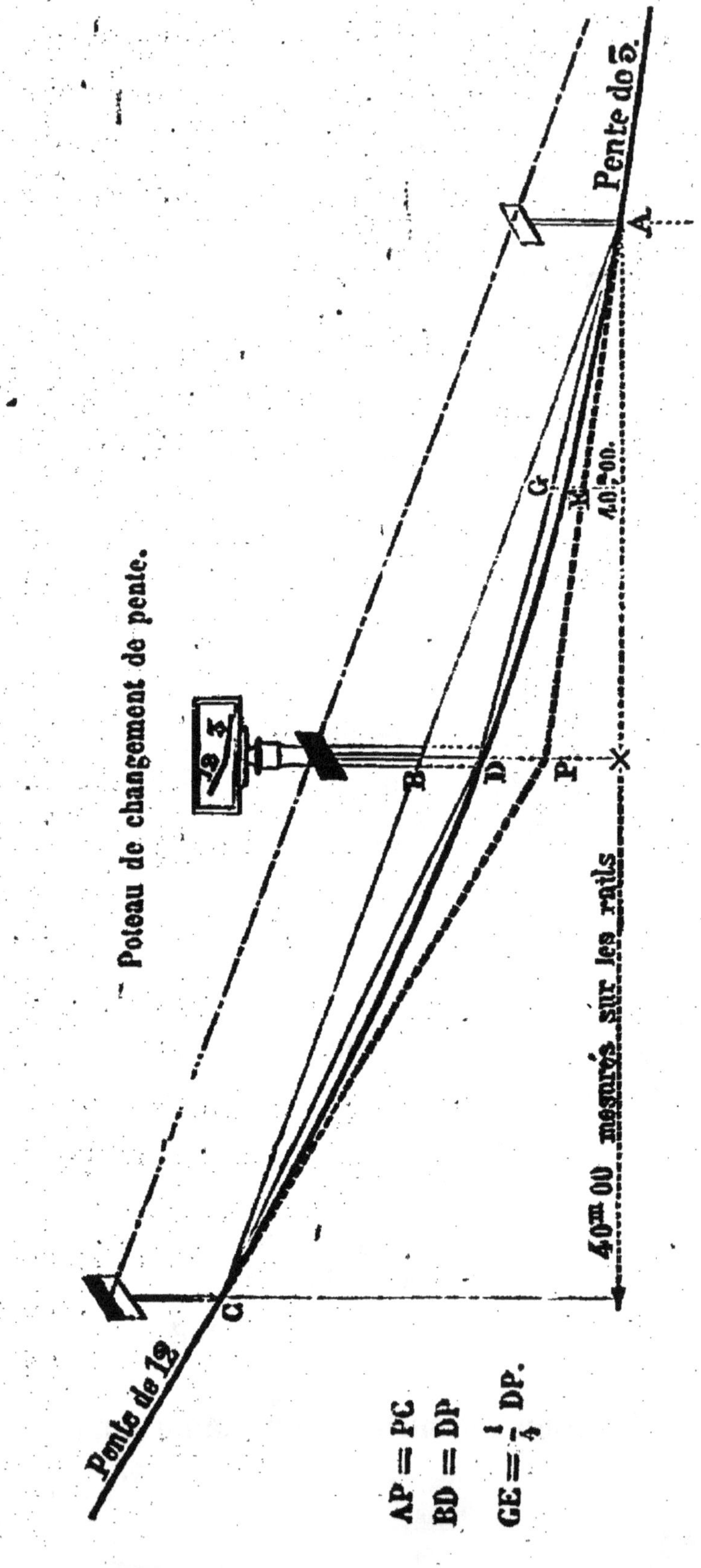

Pente de 5.

Poteau de changement de pente.

G
X
40.00.

A

B
D
P
X

40ᵐ 00 mesurés sur les rails

C

Pente de 12

AP = PC
BD = DP
$GE = \frac{1}{4} DP.$

FIG. 25.

Raccordement d'une pente de 5 m/m et d'une pente de 12 m/m. — Profil en long.

angles rentrants du profil en long, comme, par exemple, pour le passage d'un *palier* à une *rampe*. Cependant il faut raccorder de même les angles saillants, tels que ceux qui existent au passage d'un *palier* à une *pente*, en réduisant si l'on veut dans ce cas la longueur du raccordement.

Pour les raccordements des pentes, on peut se servir de la *courbe à flèches proportionnelles* dont le tracé est indiqué page 24. Au lieu de l'établir en *plan*, on la trace en *profil* et rien n'est plus pratique ni plus simple, car il ne faut aucun calcul difficile, et les seuls instruments à employer sont les nivelettes de poseurs.

La première chose à faire est de déterminer la longueur du raccordement. Supposons qu'il s'agisse d'une pente de 3 millimètres et d'une pente de 12 millimètres, à la rencontre desquelles il se forme un angle rentrant P (*fig.* 25).

D'après ce qui a été dit plus haut, il faut faire le raccordement, moitié dans la direction de la pente de 12 millimètres et moitié vers la pente de 3 millimètres. Ce raccordement doit avoir autant de fois 10 mètres de longueur qu'il y a de millimètres compris entre 3 et 12, c'est-à-dire huit fois 10 mètres ou 80 mètres.

Le raccordement qui aura 80 mètres de longueur se fera donc sur 40 mètres de chaque côté du poteau indicateur de changement de pente ou, ce qui est la même chose, du point de rencontre P des deux pentes prolongées.

On peut maintenant établir la règle suivante :

La longueur du raccordement s'obtient en faisant la différence des deux pentes, en retranchant 1 et en multipliant par 10.

EXEMPLES : Raccordement entre les pentes de 3 et de 12.

$$12 - 3 = 9; 9 - 1 = 8$$
$$8 \times 10 = 80 \text{ mètres.}$$

Raccordement entre un palier et une pente de 10.

$$10 - 0 = 10; 10 - 1 = 9$$
$$9 \times 10 = 90 \text{ mètres}$$

On a donc calculé d'abord la longueur du raccordement qui a été trouvée de 80 mètres. On mesure, au moyen des rails, 40 mètres de part et d'autre du poteau de changement de pente (*fig.* 25), et l'on obtient le commencement A et la fin C du raccordement.

Lorsqu'on pose une voie neuve, le piquet de changement de pente indique le point de rencontre P. Si ce niveau n'était pas indiqué, comme il arrive le plus souvent sur les lignes en exploitation depuis quelque temps, il serait facile de le rétablir en prolongeant les deux pentes au moyen des nivelettes que l'on poserait en dehors du raccordement, dans la partie où ces pentes sont régulières. C'est ce qu'il faudrait faire tout d'abord, car il est nécessaire que ce point P soit marqué.

Lors donc que l'on a les points A, P et C, c'est-à-dire le commencement du raccordement, le point de rencontre des deux pentes prolongées et la fin du raccordement, on place une nivelette au point A, une autre au point C et, avec la troisième qu'on amène en alignement avec les deux premières, on marque, au-dessus du point P, sur un piquet ou sur le poteau de changement de pente lui-même s'il est bien placé, un point B qui est par conséquent en pente régulière sur les points A et C.

On mesure la différence de hauteur qui existe entre ce point B et le point P et, à la moitié de cette hauteur, on a le niveau D auquel le rail devra être amené.

On a trouvé, par exemple, de P à B, $0^m,18$. Le milieu sera donc à $0^m,09$ de ces deux points. Cette dernière cote est à retenir.

Si l'on a bien compris le tracé de la courbe à flèches proportionnelles, on devine ce qui reste à faire. On rapporte les nivelettes aux points A et D et au milieu de la corde AD on marque sur un piquet avec la troisième nivelette le point G. Au-dessous de ce point et au quart de la flèche précédente DP, on obtient un nouveau point de hauteur de la voie, E.

Le quart de $0^m,09$ est de 2 centimètres 1/4; par conséquent, le point E est à 2 centimètres 1/4 au-dessous du point G marqué avec la nivelette.

On continue ainsi des deux côtés du poteau de

changement de pente, en rapprochant les points autant qu'on le veut et en prenant toujours au milieu des lignes successives, ou cordes, tracées par les nivelettes, le quart de la flèche précédente.

Lorsqu'on a tous les points marqués sur des piquets, on amène la voie à hauteur avec la règle et la bulle en face de chacun des piquets, et l'on raccorde à l'œil ensuite d'un piquet à l'autre.

On procède de la même façon dans tous les cas et il est tout aussi facile de tracer le raccordement des angles *saillants* que des angles *rentrants* du profil en long. Il faut seulement dans tout cela un peu d'attention et de méthode. Ainsi, on commence par planter, à 2 mètres du rail, tous les piquets sur lesquels on veut marquer le niveau de la voie. Dans l'exemple de la *fig.* 25, on planterait des piquets au commencement A, à la fin du raccordement C, et au changement de pente P, puis d'autres piquets au milieu de AP et de PC, d'autres enfin au milieu de ces divisions nouvelles; de sorte que les piquets seraient à 10 mètres les uns des autres. Il est inutile de les rapprocher davantage.

Les piquets une fois plantés, le reste va tout seul.

POSE SUR LONGRINES.

Sur les ponts métalliques, sur les fosses à piquer le feu des stations et des dépôts, la voie est ordinairement posée sur des pièces de bois appelées *lon-*

grines placées dans le sens de la longueur de la ligne.

En alignement droit, les longrines doivent être entaillées comme les traverses. En courbe, il faut tenir compte du dévers, lequel nécessite un entaillage spécial que l'on doit calculer pour chaque cas particulier.

Pour éviter de fendre les longrines, on fait retourner par un forgeron le taillant des crampons qui doivent couper les fibres du bois et non pas y pénétrer à la manière d'un coin.

Aux abords des ponts à longrines, on dispose les traverses de telle sorte que l'écartement entre le bout de la longrine et la dernière traverse ne dépasse pas 0^m,90.

CONTRE-RAILS DE PASSAGES A NIVEAU.

Les contre-rails de passages à niveau doivent laisser entre eux et le rail une ornière de 0^m,06 de largeur.

Dans les courbes de faible rayon, si l'on a donné du surécartement à la voie, il faut augmenter d'autant la largeur de l'ornière du côté du petit rayon de la courbe. Ainsi, par exemple, en courbe de 300, l'ornière du grand rayon a 0^m,06 de largeur et celle du petit rayon 0^m,07. Il faut éviter d'avoir des ornières plus grandes parce que le pied des animaux pourrait s'y engager, et il ne faut pas non plus les

serrer davantage ; quand on s'aperçoit d'un élargissement, il faut donc ramener le contre-rail ou le
rail à sa place normale.

Les extrémités des contre-rails doivent être re-
courbées ; il faut se garder de faire une courbe trop
roide sur laquelle les boudins des roues viendraient
frapper ; on doit terminer les contre-rails par une
courbe régulière ayant au moins 0ᵐ,50 de longueur
comme on la voit représentée sur la *fig.* 26. L'or-

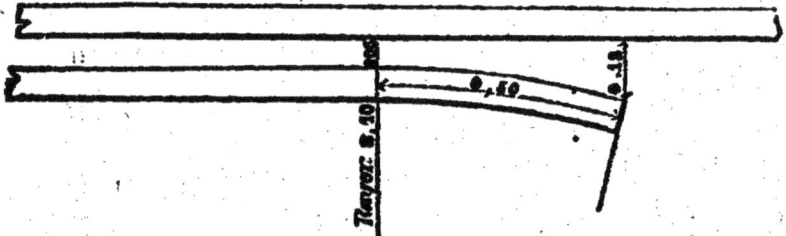

Fɪɢ. 26.

Contre-rail de passage à niveau.

nière, qui a 0ᵐ,06 de largeur au commencement de
la courbe, a 0ᵐ,12 à son extrémité.

Cette courbure donne un rayon d'environ 2ᵐ,10.

Les contre-rails de passages à niveau ne sont pas
posés comme les rails à l'inclinaison de 1/20ᵉ ; ils
sont d'aplomb.

Dans la voie à double champignon, les ornières
ont 0ᵐ,07 de largeur et elles sont réglées à cette
dimension par un coussinet spécial qui donne aussi
l'inclinaison du 1/20ᵉ pour le rail et l'aplomb pour
le contre-rail. Celui-ci est maintenu par un coin dans

le coussinet exactement comme le rail ordinaire.

Sur les nouvelles lignes en voie Vignole, on règle la dimension de l'ornière des passages à niveau au moyen d'entretoises boulonnées qui relient les contre-rails aux rails.

ENTRETIEN DES VOIES.

BALLAST

QUALITÉS ET DÉFAUTS DU BALLAST.

Avec du bon ballast on peut faire de bonnes voies ; c'est plus difficile quand le ballast est de mauvaise nature. Il est donc important d'en connaître les qualités et les défauts.

Le *ballast* est en sable, en gravier ou en pierre cassée.

Le sable doit être à gros grains et purgé de terres et autres matières étrangères. Il ne faut pas qu'il produise de poussière fine pendant les sécheresses ni qu'il fasse pâte avec l'eau.

Le *gravier* doit être formé de cailloux durs n'ayant pas plus de 0^m,04 de grosseur ; le sable qu'il contient doit remplir les conditions qui viennent d'être indiquées.

La *pierre cassée*, pour être de bonne qualité, doit être en pierre dure ne se décomposant pas par l'action du temps et ne se réduisant pas en sable. Elle doit être exempte de terre et autres matières étrangères ; on la casse à 0^m,06 de grosseur.

ASSAINISSEMENT DU BALLAST.

Le bon ballast ne doit pas retenir les eaux, ni à la surface ni à l'intérieur, mais il faut qu'elles le traversent rapidement jusqu'à la plate-forme.

Il arrive quelquefois cependant que l'on a du ballast un peu argileux ; il faut alors l'assainir. On le fait en pratiquant des saignées de distance en distance et en ondulant la surface du ballast pour que les eaux soient dirigées vers l'extérieur et vers les drains.

Les saignées ou drains doivent pénétrer jusqu'à la plate-forme des terrassements pour donner un bon résultat. On comprend que c'est surtout le dessous des traverses qu'il est nécessaire d'assainir, et on le verra mieux encore tout à l'heure. On leur donne 0m,30 au moins de largeur et on les remplit de pierres cassées. Le fond de ces drains doit être en pente de 0m,02 par mètre, au moins.

BALLAST ARGILEUX ET TRAVERSES DANSEUSES.

C'est le ballast argileux qui occasionne le plus souvent ce que les poseurs appellent les traverses *danseuses*.

Les danseuses sont des traverses qui ballottent au passage des trains. On les reconnaît en parcourant la voie parce qu'elles se détachent du ballast sur leurs côtés et que celui qui les recouvre est tamisé par la trépidation causée par chaque roue de wagon à son passage.

Dans le ballast argileux, il se forme sous les traverses une espèce de mastic, ou de béton, comprimé par le poids des trains et qui ne *revient* pas lorsque la charge a disparu. La voie se redresse seule et les traverses restent en l'air.

Les traverses danseuses déterminent l'arrachement des crampons, car lorsque la voie se relève après avoir subi la charge du train qui l'a fait tasser, le rail se détend vivement en relevant la traverse avec lui; le patin du rail dans ce mouvement soulève nécessairement la tête des crampons.

Le même effet se produit sur les chevillettes des coussinets dans la voie à double champignon.

Il faut donc éviter d'avoir des danseuses et ne rien négliger dans ce but. Lorsqu'on s'aperçoit qu'il en existe, on bourre la traverse, en ayant soin d'enlever d'abord le massif argileux qui pourrait s'être formé au-dessous. On fait un drainage à côté si c'est nécessaire et on le fera profond ainsi qu'on l'a dit plus haut, car on comprend maintenant qu'une saignée superficielle conduit les eaux sous la traverse et aggrave le mal au lieu de le guérir.

Un mauvais bourrage dans de bon ballast produit aussi des danseuses. Il faut revoir à ce sujet à l'article *Pose de la voie* (page 50) comment doit se faire le bourrage. Il en sera, du reste, parlé plus loin.

C'est pour les mêmes raisons qu'on doit éviter

dans l'entretien de mélanger le sable et la pierre cassée; autant que possible, on fait les rechargements de ballast avec des matériaux de même nature.

En effet, pour que la voie soit bien assise, il faut que tout fléchisse de la même façon sous les trains. Avec un ballast mélangé on a des traverses qui portent, les unes sur la pierre cassée, les autres sur le sable, d'autres sur un mélange de sable et de pierres susceptible de former presque toujours ce mastic dont il a été parlé; certains de ces points résistent mieux que d'autres et il en résulte nécessairement des tassements inégaux qui produisent rapidement et sans cesse des danseuses et, par suite, une voie ondulée, mauvaise pour le roulement des trains aussi bien que pour la conservation des rails et des traverses.

CONSERVATION DU PROFIL DU BALLAST.

L'entretien du ballast comporte la conservation du profil dont les dimensions sont indiquées *fig.* 10 p. 27; *fig.* 11, p. 28, et *fig.* 55, p. 167.

On a déjà dit que le ballast, dans la compagnie d'Orléans, doit être réglé à 0^m,08 au-dessous des rails dans l'intérieur de la voie, et en dehors au niveau du dessous des champignons. Les bielles et les cendriers de certaines locomotives peuvent en effet descendre jusque-là.

Il ne faut pas que la voie manque de ballast, d'abord parce que les traverses doivent être recouvertes, et puis parce qu'elle a besoin, pour bien résister, de toute la butée et de toute l'épaisseur indiquée sur les profils. Cependant, l'accotement qui, d'après le profil, doit avoir 1 mètre de largeur (voir *fig. 55*), peut, sans inconvénient, être réduit à 0^m,90 et, à la rigueur, à 0^m,80, pour quelque temps au moins. Si le ballast faisait défaut à un moment donné, on pourrait donc en prendre un peu sur le talus, pour couvrir les traverses par exemple, ou pour des besoins urgents.

D'un autre côté, il ne faut pas que le profil soit trop plein, et c'est là une question importante d'ordre et d'économie. Si l'on a trop de ballast, on trace les arêtes aux dimensions du profil et l'on rassemble les excédants en tas bien distincts sur les banquettes, en élargissement des accotements. Il peut arriver, en effet, sans cette précaution, que l'on a du ballast disponible dans le voisinage de certaines parties de voie qui en manquent et que, faute de le savoir, on va chercher au loin à grands frais ce que l'on a sous la main.

TRAVERSES.

TRAVERSES EN CHÊNE ET EN PIN.

Les traverses neuves en chêne doivent être en bois parfaitement sain, ni gras, ni roulé, ni gélif, ni échauffé, ni piqué ; elles doivent être exemptes de pourriture, malandres, fentes, gerçures, nœuds vicieux et tous autres défauts. Tous les bois sont dépouillés de leur écorce.

Les dimensions des traverses ont été indiquées page 31.

Les quatre faces doivent être dressées à la scie ou à la hache et le dessus, à l'endroit où portera le coussinet, dépourvu d'aubier sur une largeur d'au moins 14 centimètres.

L'épaisseur, qui est de 14 à 16 centimètres, doit exister, l'aubier enlevé, à l'emplacement du coussinet. Dans tous les cas, sur les côtés de la traverse, et dans le milieu sur le dessus et le dessous, on ne tolère pas plus de 3 à 4 centimètres d'épaisseur de flaches et d'aubier.

Pour les traverses en pin, les dimensions et les conditions sont à peu près les mêmes, sauf que l'on accepte des traverses demi-rondes ; le cube moyen de ces traverses est de 80 décimètres. On les prépare au sulfate de cuivre que l'on introduit dans le bois pour le conserver.

Les traverses fendues se consolident au moyen de boulons, d'S et de frettes. Les trous de boulons sont percés avec la tarière ordinaire des poseurs ; les S s'enfoncent au marteau dans les bouts ; pour poser les frettes, on resserre la fente au moyen d'une presse et l'on arrondit à l'herminette les angles du bout de la traverse.

CONSERVATION DES TRAVERSES.

Un des points importants en matière d'entretien, c'est la conservation des traverses. Dans du bon ballast bien sec, elles ont généralement plus de durée que dans le ballast qui retient l'humidité; mais une des causes les plus actives de leur détérioration, c'est, pendant l'été, l'action de la chaleur et de la pluie, le passage de l'état toujours un peu humide du bois dans le ballast à la dessiccation rapide aux rayons du soleil.

Aussi on couvre pendant l'été, avec des branches d'arbre, des genêts, des roseaux, les traverses en dépôt, et comme l'humidité de l'hiver leur est également nuisible, on les découvre lorsque les chaleurs sont passées.

De même, les traverses en service dans la voie doivent toujours être recouvertes de ballast, surtout en été, et lorsque, par suite de renouvellements de voies ou autrement, on retire des traverses qui peuvent servir encore, il faut se garder de les laisser au soleil, où elles entreraient promptement en décomposition ; on les couvre et, mieux, on les réemploie tout de suite si on le peut.

RÉENTAILLAGE.

Lorsqu'une traverse est fendue ou pourrie à l'emplacement du coussinet ou des crampons, on doit, avant de la rebuter, examiner s'il est possible de la faire servir encore en refaisant l'entaillage, soit à la même place, soit à côté, sur une partie où le bois est encore bon.

Seulement, on ne peut déplacer l'entaillage, c'est-à-dire changer l'emplacement du rail ou du coussinet, que de 10 à 20 centimètres, suivant la longueur des traverses, car il est nécessaire de conserver une saillie en dehors des rails d'au moins 35 à 40 centimètres, et même on n'obtiendrait pas une bonne voie si l'on avait plusieurs traverses de suite dans ce cas. Les traverses neuves dépassent en dehors de la voie de 45 centimètres au moins ; en moyenne, elles ont 55 et jusqu'à 60 centimètres, et c'est nécessaire pour que la voie ait une base d'appui suffisamment large.

Si l'on reconnaît la possibilité de faire servir de nouveau la traverse en la réentaillant, on la dégage du ballast, on la débourre et on la retire.

Il faut d'abord nettoyer parfaitement le bois et ne se servir que d'une herminette bien tranchante. Les entailles mal faites ont été presque toujours exécutées avec des outils coupant mal, et comme ils s'émoussent vite sur des bois recouverts de sable tels que les traverses, on doit donc les entretenir toujours en très-bon état.

Il faut avoir soin de n'enlever avec l'herminette que le moins de bois possible et se rappeler que le crampon pénètre de 13 centimètres environ dans la traverse, de sorte que si l'épaisseur de la traverse sous l'entaille est réduite à moins de 13 centimètres, le crampon sort en dessous.

Les équipes de poseurs ne possèdent pas d'habitude de gabarit d'entaillage donnant l'inclinaison de 1/20ᵉ vers l'intérieur de la voie. (Voir *Entaillage* et *Sabotage* p. 36.) Ils font ce travail à l'œil en se guidant sur l'empreinte de l'ancienne entaille et les poseurs habiles, avec une bonne herminette, le font très-bien. Il faut toujours songer à cette inclinaison au 1/20ᵉ qui donne une entaille de 5 millimètres plus profonde en dedans de la voie qu'en dehors, sur la largeur du patin du rail Vignole. On y va prudemment, on présente sous le rail la traverse réentaillée et on la retouche au besoin pour qu'elle s'applique parfaitement.

RESSABOTAGE.

On procède de même pour la voie à double champignon, sauf que l'entaille se fait de niveau, puisque, ainsi qu'on l'a déjà vu, c'est le coussinet lui-même qui donne l'inclinaison au rail.

Pour faire le ressabotage d'une traverse, on place les coussinets sur les nouvelles entailles en s'assurant qu'ils s'appliquent bien ; on emmanche les rails qui donnent la position exacte des coussinets si la voie a bien conservé son écartement, ce dont on s'assure en présentant le gabarit ; on coince, on perce avec la tarière les trous des chevillettes et l'on cloue.

On doit goudronner le nouvel emplacement des coussinets sur les traverses, en pin et tremper d'avance les chevillettes dans du coltar. Sans cela ces traverses, qui sont préparées au sulfate de cuivre, se détériorent promptement au contact du fer.

REMPLACEMENT DES TRAVERSES.

Quand les traverses ne peuvent plus servir, on les remplace par des traverses neuves qui, ainsi que les traverses employées dans la pose, sont entaillées à l'avance dans les chantiers.

S'il s'agit de la voie Vignole, la traverse vieille ayant été dégarnie, débourrée, déclouée et extraite de la voie, on introduit sous les rails la traverse neuve ; on cloue en présentant le gabarit d'écartement et l'on bourre.

Quand on remplace une traverse de la voie à double champignon, on réemploie, s'ils ne sont pas hors de service, les coussinets de la traverse rebutée ; on fait alors le ressabotage comme il vient d'être dit plus haut.

Lorsqu'on change une traverse, on marque sa place exacte en faisant un trait sur chaque rail ; on mesure la distance à partir du joint le plus voisin, conformément aux indications données par les plans de pose (*fig.* 16 et 17, p. 34). Sans cette précaution, on pourrait avoir des portées inégales et des traverses posées en biais.

Lorsqu'on place une traverse sur les lignes à double voie, il est bon de mettre le gros bout, s'il y en a un, ou le bout le plus long, du côté extérieur de la voie. Le bout engagé du côté de l'entrevoie est en effet le mieux buté par le ballast, et c'est l'autre bout qui a besoin, pour résister autant, des plus fortes dimensions de bois dont on peut disposer.

RAILS.

FABRICATION DES RAILS.

Pour savoir comment les rails s'usent, il est nécessaire de connaître leur fabrication. C'est ce que l'on va décrire en quelques mots.

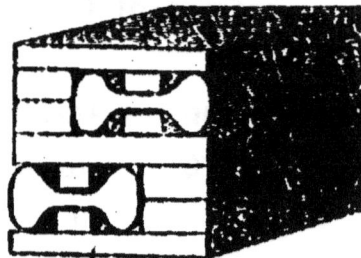

Fig. 27.

Paquet pour la fabrication des rails.

Hauteur du paquet. 0m,20
Largeur. . . . . 0 ,19
Longueur. 1m,10

produisant après laminage un rail de 6 mètres de longueur.

Pour fabriquer un rail, on fait un *paquet* de barres de fer qui sont disposées les unes sur les autres comme on le voit représenté dans la *fig.* 27.

Il faut remarquer qu'il y a dessus et dessous deux plaques ou couvertes d'une seule pièce, tandis que les couches de l'intérieur du paquet sont formées de plusieurs morceaux. On voit sur la figure comment on utilise les vieux rails.

Ces paquets, une fois chauffés au rouge, passent dans des laminoirs qui les amincissent, les allongent et leur donnent finalement la forme du rail.

Les couvertes qui, dans le paquet, ont près de 3 centimètres d'épaisseur, sont réduites par le laminage à 1 centimètre environ et forment le dessus des champignons ou le patin.

On comprend d'après cela d'où proviennent ces *dessoudures* que l'on observe sur le côté des champignons dans les rails usés.

Mais il faut expliquer encore que les couvertes elles-mêmes ont été faites avec des paquets dont les barres, une fois le rail fini, n'ont que 2 à 3 millimètres d'épaisseur. C'est pourquoi ces couvertes se divisent en pailles ou en lames et se fendent, le plus souvent, dans les bouts.

Les barres de l'intérieur du paquet se dessoudent aussi, par exemple sous forme de fentes par le travers des trous de boulons ou sous les champignons.

Lorsque la couverte commence à se dessouder, il

faut surveiller le rail, parce que le champignon ne tardera pas à s'écraser, et, afin de pouvoir l'utiliser sur ses deux faces, on le retourne bout pour bout avant que le mal ait gagné l'autre côté du champignon.

Un rail fendu par le travers des trous de boulons doit être remplacé; il va sans dire qu'il en est de même de tous les rails cassés.

CHANGEMENT DE FACE ET REMPLACEMENT DES RAILS USÉS.

On a vu que le rail à double champignon, quand il a une arête usée, peut se retourner bout pour bout, puis, lorsque l'un des champignons est usé sur ses deux faces supérieures, qu'on peut le retourner sens dessus dessous. Les quatre faces peuvent donc servir. Il n'y a aucune difficulté pour exécuter ces diverses opérations : il suffit de chasser les coins après les avoir d'abord dégarnis de ballast dans le bout; puis une fois le rail retourné, de les serrer et de les buter à nouveau avec du ballast.

L'opération est plus délicate pour le rail Vignole, qu'on ait à le retourner bout pour bout ou à le remplacer, parce qu'il faut arracher et remettre des crampons.

On examine d'abord l'écartement de la voie et l'on vérifie l'état des crampons pour savoir s'il est préférable d'arracher ceux du dedans de la voie, ceux du dehors, ou s'il est nécessaire de les arracher tous.

Si la voie a pris un peu de surécartement, il est probable que ce sont les crampons du dehors qu'il faut arracher parce qu'ils ont été repoussés. Il peut arriver aussi que la voie ait conservé son écartement et que les crampons du dedans soient un peu soulevés ; on laisse alors ceux du dehors et l'on profite de l'occasion du changement de rail pour enlever et replacer solidement ceux du dedans. Si tous sont ébranlés, si en même temps il y a quelques traverses à changer, on arrache tous les crampons ; si, au contraire, tout est solide, on n'enlève que les crampons d'un côté.

Ce que l'on veut dire par ces exemples, c'est qu'il faut, avant de commencer, se rendre compte de ce que l'on va faire et ne se décider qu'après avoir réfléchi.

On se rappellera qu'on doit éviter de faire *inutilement* des trous dans les traverses : un bon brigadier-poseur doit combiner ses travaux de telle sorte que tous les défauts soient corrigés à la fois quand cela est possible. Il ne faut pas, par exemple, qu'un jour il change des traverses, puis que le lendemain il vienne remplacer le rail, ce qui exige au moins l'enlèvement de tous les crampons d'un côté ; qu'ensuite il soit obligé de recramponner encore parce que la voie aura pris du surécartement, etc.

Quand il faut retourner un rail Vignole, on examine donc d'abord quels sont les crampons qu'il convient d'arracher ; l'on enlève avec un petit balai le sable qui couvre la traverse et l'on retire les crampons avec la pince *pied-de-biche*. En même temps, on fait desserrer les écrous des boulons d'éclisses ; lorsque les éclisses sont tombées, on enlève le rail.

On nettoie ensuite l'emplacement du patin sur la traverse, on met en place le rail retourné, on éclisse et l'on recramponne.

Ces diverses opérations exigent des détails.

RECRAMPONNAGE DU RAIL VIGNOLE.

L'opération du *recramponnage*, si fréquente sur la voie Vignole, demande des soins tout particuliers. On recramponne pour changer des traverses ou des rails, pour ramener la voie à son écartement, etc. Si, lorsqu'on a arraché un crampon, on le renfonçait simplement dans son trou, le plus souvent il ne tiendrait pas bien ou s'appliquerait mal contre le patin du rail, parce que les trous se sont élargis.

Aussi, pour rétablir solidement le cramponnage, il faut percer de nouveaux trous de tarière ; mais on prend la précaution de boucher les anciens trous avec des chevillettes en bois de chêne un peu plus fortes que la dimension du crampon, et l'on peut percer ensuite tout auprès de l'ancien trou. Si les trous, du reste, n'étaient pas bouchés, l'eau qui s'y introduirait déterminerait la pourriture du bois.

C'est afin qu'il ne tombe pas de sable dans les trous et pour préserver les outils qu'il faut, avant d'enlever les crampons, nettoyer très-proprement la traverse à l'entour. Dans le même but, on place la chevillette aussitôt le crampon arraché et on l'enfonce à petits coups de marteau; puis on la recèpe avec l'herminette au niveau même de la traverse.

Pour la manière de percer le trou de tarière, la profondeur du trou et les précautions à prendre pour le cramponnage, il faut se reporter à ce qui a déjà été dit à ce sujet à l'article POSE DE LA VOIE, *Clouage des crampons*, page 42.

Quelquefois on s'est contenté de mettre derrière le crampon, dans l'ancien trou, une petite cale en bois; par ce moyen on évite, il est vrai, de percer un nouveau trou de tarière, mais on obtient un mauvais travail et l'on doit interdire cette méthode, car il faut se rappeler que les crampons ont à résister, non-seulement au surécartement de la voie, mais dans beaucoup de cas à l'arrachement. D'ailleurs, et il sera inutile de le répéter, tous les travaux d'entretien de la voie ainsi que ceux de la pose première demandent les plus grands soins : il ne s'agit pas seulement de réparer les déformations lorsqu'elles se manifestent; on peut souvent les empêcher de se produire par un entretien soigneux et bien entendu.

Comme dans la pose primitive, il va sans dire qu'on ne doit jamais frapper sur un crampon sans que la traverse ne soit soutenue, et il faut présenter toujours le gabarit d'écartement aussi près que possible des cloueurs.

ENLÈVEMENT DES ÉCLISSES.

Le remplacement des rails Vignole oblige, c'est ce que l'on vient d'examiner, d'arracher et de réclouer les crampons; il reste maintenant à parler de l'enlèvement des éclisses. C'est une opération très-simple puisqu'il suffit de desserrer les écrous des boulons; elle exige cependant certaines précautions.

On a déjà vu page 25, à l'article *Éclissage* (POSE DE LA VOIE), qu'il ne faut pas serrer les écrous avec excès de force, ce qui détériore le filet, et c'est pour cela que d'habitude on interdit l'usage de *clefs à fourche* ayant plus de 0m,45 de longueur de manche.

Lorsque les écrous ont été serrés avec précaution, on peut presque toujours les desserrer facilement; cependant il arrive quelquefois qu'il est impossible de faire sortir l'écrou et qu'on est réduit à casser le boulon à coups de marteau. Comme les difficultés que l'on éprouve sont dues le plus souvent à la rouille, afin de casser le moins de boulons possible, on verse un peu d'huile, quelque temps à l'avance, sur les écrous à desserrer.

ÉCARTEMENT DE LA VOIE.

ÉCARTEMENT DE LA VOIE, DE L'ENTRE-VOIE, DISTANCES AUX MURS, PARAPETS, ETC.

Les équipes de poseurs doivent maintenir l'écartement. Ainsi, lorsqu'on s'aperçoit que l'on a quelques millimètres de surécartement au delà de la largeur fixée, il faut ramener la voie à son écartement normal. La règle est qu'on ne doit jamais avoir plus de 5 millimètres de surécartement.

Dans les lignes droites, la voie se maintient longtemps; mais en courbe, surtout quand le rayon est petit et notamment dans la voie Vignole, elle s'élargit promptement.

Sur les lignes à courbes roides et lorsque la vitesse des trains est faible, c'est presque toujours le rail du petit rayon qui cède le premier. Dans ce cas, c'est donc de ce côté qu'il faut veiller et qu'il est nécessaire le plus souvent de recramponner.

Il arrive dans ces courbes que le rail Vignole du petit rayon n'est pas seulement repoussé en dehors, mais qu'il se renverse. Il est facile de s'en assurer en faisant enlever le ballast entre deux traverses pour pouvoir passer la règle à dévers sous les patins.

Si les rails ne se sont pas renversés, il faut que

la règle touche les angles des patins du côté du dedans de la voie, et qu'il y ait un jour de 5 millimètres sous l'arête extérieure. On voit que cela revient à rechercher si les rails sont toujours inclinés au 1/20° vers l'intérieur de la voie, ainsi qu'ils doivent l'être. (Voir *Entaillage*, p. 36.)

FIG. 28.

Règle sous le patin des rails Vignole pour vérifier leur inclinaison.

La *fig.* 28 indique l'écartement que doit avoir la voie entre les champignons des rails et d'un patin à l'autre. On voit la règle passée par-dessous les rails et laissant un jour de $0^m,005$ du côté du dehors.

Si, par exemple, on trouve que la règle s'applique sur toute la largeur du patin du rail du petit rayon, c'est-à-dire qu'il n'y a pas de jour du côté extérieur, c'est que ce rail est renversé en dehors et que cette arête est plus basse de 5 millimètres que l'autre arête.

Dans ce cas, il y a probablement un réentaillage général des traverses à faire pour ramener le rail à son inclinaison de 1/20°. Le brigadier-poseur, pour une question de cette importance, doit signaler l'état de la voie et demander des ordres à son chef.

On comprendra que le but de ce petit livre n'est pas d'aborder la discussion de faits de ce genre ; il suffit que les personnes qui s'occupent sur la ligne de l'entretien des voies soient informées que ces faits peuvent se produire et qu'elles ont à y prendre garde.

Dans la voie à double champignon, si l'on veut faire la même expérience, il faut mesurer l'écartement entre les champignons supérieurs, puis entre les champignons inférieurs. On doit trouver en bas 11 millimètres d'écartement de plus qu'en haut, de sorte que, quand on a exactement 1^m,45 d'écartement de voie, il faut 1^m,461 entre les champignons du dessous.

Dans ce système de voie, lorsque l'écartement se produit, on remarque souvent que le coussinet ne s'est pas encastré d'aplomb dans la traverse. Cet encastrement sur des voies un peu anciennes est quelquefois de plusieurs centimètres, et il oblige alors à un ressabotage sur un autre point de la traverse.

Les chevillettes, pendant que le coussinet s'encastre, ne descendent pas avec lui ; il faut les enfoncer avec le marteau lorsqu'on s'aperçoit qu'elles font saillie en dessus.

Le surécartement peut provenir aussi de l'agrandissement des trous des coussinets et du fond de la chambre qui est usée par le frottement du rail. Dans ce dernier cas, l'usure est ordinairement plus forte du côté de l'extérieur de la voie; il en résulte encore le déversement du rail qui perd son inclinaison réglementaire de 1/20e et le surécartement de la voie. On doit rebuter les coussinets dont les trous sont trop agrandis et ceux dont le fond est trop usé.

L'entre-voie, tel qu'on l'établit aujourd'hui en pleine ligne sur le réseau d'Orléans, a 2m,06 de largeur, de bord en bord des champignons; mais il y a presque toujours davantage dans les gares.

Il faut maintenir entre les deux voies l'écartement voulu, en ripant et dressant les parties qui viendraient à s'éloigner où à se rapprocher.

C'est surtout en faisant les réparations ou les renouvellements de voie qu'on doit vérifier ces dimensions, ainsi que les distances auxquelles il est prescrit de se tenir des murs, parapets, pieds-droits de tunnels, quais, etc. Ces distances sont variables suivant les lignes; il faut donc se guider sur ce qui a été fait d'abord et agir d'après les ordres donnés.

Sur les lignes à une voie il faut, bien entendu, passer au milieu des ponts et des tunnels.

On peut établir les trottoirs des stations à 0m,25 au-dessus du niveau du rail et à 1m,475 de l'axe de la voie, c'est-à-dire à 0m,72 du milieu du rail le plus proche.

Les murs de quais à marchandises sont construits à 0m,95 de distance de l'axe du rail et la bordure du quai peut faire saillie de 0m,10 sur ces murs.

La distance à laisser entre le rail extérieur et les poteaux de barrière des passages à niveau est de 2 mètres.

RÉGULARITÉ DU TRACÉ.

ALIGNEMENTS DROITS ET COURBES.

En ligne droite, l'alignement se déforme pour plusieurs causes; les tassements des remblais entraînent quelquefois la voie mais ce sont surtout les relevages et les autres travaux d'entretien qui amènent des déplacements.

On dresse simplement par le ripage à la pince. (Voir p. 51.)

En courbe, il faut de même maintenir la régularité du tracé et, après chaque travail un peu important exécuté sur la voie, on doit la dresser si c'est nécessaire. Les tableaux n°s 1, 2 et 3 donnent le moyen de vérifier et de rectifier le tracé des courbes.

NIVEAU DES RAILS EN LIGNE DROITE ET DÉVERS EN COURBE.

On doit conserver en ligne droite le niveau des deux files de rails, et en courbe le surhaussement du grand rayon. De même que l'on reconnaît à l'œil si les alignements sont brisés, c'est à l'œil aussi, en se penchant sur le rail, que l'on reconnaît les tassements de la voie en profil en long. C'est surtout aux abords des ouvrages d'art que ces tassements ont lieu, notamment après les grandes pluies qui font tasser le remblai tandis que l'ouvrage d'art résiste.

TASSEMENTS ET RELEVAGES.

Quand on constate des tassements, il faut relever la voie et bourrer les traverses basses, opérations déjà décrites pages 46 (*Relevage*) et 50 (*Bourrage*).

Les brigadiers-poseurs doivent rectifier les tassements qui se produisent sur de faibles longueurs; mais lorsqu'ils ont lieu régulièrement sur de grandes longueurs, comme il n'en résulte ordinairement aucun inconvénient pour la circulation des trains, ils prennent dans ce cas les ordres de leurs chefs, qui examinent si le relevage est nécessaire. Le plus souvent on peut s'en dispenser, lorsque le tassement n'a pas amené des pentes plus fortes que celles que l'on trouve sur la même ligne. Au contraire, le relevage donnerait une voie moins bien assise et entraînerait à une dépense en main-d'œuvre et surtout en ballast souvent considérable. La question des relevages sur de grandes longueurs exige donc examen dans chaque cas particulier.

Lorsqu'on doit relever la voie, on évite autant que possible de faire ce travail en temps de sécheresse, parce qu'alors le bourrage ne tient pas bien.

De même en temps de gelée, il faut, autant que cela se peut, ne pas toucher à la voie; aussi c'est pendant l'automne qu'on doit redoubler d'activité pour mettre les voies en parfait état en vue de l'hiver.

HAUTEUR SOUS LES PONTS.

Quand on a un relevage à faire, on y procède par petites hauteurs à la fois, pour éviter de faire passer les trains sur des parties de voies mal assujetties. Il ne faut jamais relever dans un tunnel ou sous un pont supérieur sans s'assurer que l'on ne va pas réduire, au-dessous de la limite fixée, la hauteur qui doit rester libre entre la voûte et le rail.

Cette hauteur est de $4^m,80$. Ainsi, on ne doit jamais avoir, entre l'un quelconque des rails et les voûtes ou les tabliers de ponts par-dessus, moins de $4^m,80$ mesurés suivant la direction d'un fil à plomb tombant de la voûte sur le rail.

RENOUVELLEMENT DE LA VOIE.

La voie se renouvelle un peu chaque jour, en faisant l'entretien, par le remplacement des matériaux hors de service : c'est ce qu'on appelle le *renouvellement en recherche*. On recherche en effet, pour les remplacer, les traverses pourries, les rails usés, etc. Les divers travaux que nécessite ce mode de renouvellement viennent d'être examinés dans les paragraphes qui précèdent.

On fait aussi des renouvellements partiels ou généraux de matériel. Quelquefois, par exemple, on

6

remplace par des rails neufs tous les rails d'une portion de voie lorsqu'ils sont arrivés à un certain degré d'usure, et l'on utilise ceux qui peuvent servir encore pour l'entretien des autres parties de ligne du même âge; alors c'est un *renouvellement partiel*, parce que l'on conserve les autres matériaux.

On peut encore, et c'est ce qu'on appelle le *renouvellement général*, retirer tout le matériel d'une voie et le remplacer par du matériel neuf ; c'est ce qui arrive, par exemple, lorsqu'on change un système tout entier usé par un autre système.

Comme les traverses neuves ont plus d'épaisseur que les vieilles, une des précautions à prendre consiste à enlever le ballast à 8 ou 10 centimètres au-dessous des traverses anciennes. Il faut, du reste, avoir à relever pour se mettre à hauteur. En dégarnissant trop peu, on risquerait d'être obligé, pour régler la voie, de la relever au-dessus du niveau qu'elle doit occuper; il en résulterait une consommation inutile de ballast et l'on pourrait craindre alors, comme il a été dit déjà, de ne plus avoir, sous les ponts et les tunnels, la hauteur voulue.

Ainsi que dans la pose première, il va sans dire qu'on doit éviter de faire passer les trains sur des voies mal bourrées ou à demi cramponnées.

Pour les renouvellements de voies on observera tout ce qui a été dit au sujet de la pose ; on devra donc se reporter aux articles qui précèdent.

Quant à l'organisation du travail, elle peut différer

selon l'importance du trafic de la ligne, c'est-à-dire suivant les difficultés qui résultent du plus ou moins grand nombre de trains. Sur les lignes peu fréquentées, on peut faire du renouvellement avec des équipes de 20 à 30 hommes, mais sur les grandes lignes, quand on dispose de peu de temps entre deux trains, il faut le plus souvent une équipe de 40 ouvriers environ.

A titre d'exemple, on trouvera plus loin comment on peut distribuer le travail dans une équipe de pose de 40 hommes, pour le renouvellement général d'une voie en rails à double champignon et en rails Vignole.

RÉPARTITION DU MATÉRIEL.

Le matériel peut être transporté sur la ligne, à partir de la station la plus voisine, soit au moyen des wagonnets poussés par des hommes quand la distance n'est pas grande, soit avec un train de wagons remorqué par une machine.

Il y a presque toujours économie à se servir du wagonnet pour les petites distances ; cela dépend des pentes et des rampes et de la facilité que peuvent donner les heures de passage des trains. C'est un calcul à faire pour chaque cas, mais ordinairement, jusqu'à deux et trois kilomètres et quelquefois plus, les wagonnets ont l'avantage.

Pour que les rails soient déchargés à leur place,

on fait marquer les joints à l'avance sur la banquette par un trait de pioche. Les ouvriers montés sur les wagons jettent deux rails du même côté dans l'intervalle compris entre ces marques. Les rails courts sont déchargés en tas à l'entrée ou au milieu des courbes, suivant les indications que l'on peut inscrire à l'avance sur un papier fiché au bout d'un jalon. L'agent chargé de la répartition fait laisser autant de vides dans la courbe qu'il a mis de rails courts en dépôt. Plus tard, l'équipe de renouvellement conduira les rails courts à leur place, soit à bras, soit au moyen du wagonnet, suivant la distance.

Les traverses se répartissent de la même manière. A chaque arrêt du train, et l'on comprend que les arrêts se font bout à bout, on en décharge cinq ou six par wagon, chiffre dont il est facile de se rendre compte par la longueur du train lui-même.

On opère aussi de cette façon pour le petit matériel. A chaque arrêt de train, les coins, les éclisses, les boulons sont déchargés en tas séparés et en quantités convenables pour la longueur de rails correspondante.

ORGANISATION
D'UNE ÉQUIPE DE RENOUVELLEMENT.

I. — VOIE A DOUBLE CHAMPIGNON.

Le travail peut se diviser en quatre périodes :

1re période. — *Travail préliminaire avant de couper la voie ;*

2e période. — *Démontage de la vieille voie ;*

3e période. — *Pose de la voie neuve ;*

4e période. — *Regarnissage et règlement du ballast, etc.*

1re PÉRIODE. — *Travail préliminaire avant de couper la voie.*

Ainsi qu'on l'a dit plus haut, on suppose, dans cet exemple, qu'il s'agit d'une équipe de 40 hommes, dirigée par un chef de pose, et du renouvellement complet d'une voie à double champignon. On peut, avec cette équipe, suivant le temps dont on dispose entre deux trains, en 2 heures et demie ou 3 heures environ, et suivant la nature du ballast, exécuter une coupe de 15 à 20 longueurs de rails, soit un renouvellement de 80 à 110 mètres de voie.

Dans les parties ballastées en sable fin, le travail marche beaucoup plus rapidement, mais il faudra se rappeler que l'on suppose ici du ballast en sable ou gravier ordinaire de carrière, ou en pierre cassée.

Le travail préliminaire à exécuter, avant de couper la voie, consiste à préparer l'enlèvement des éclisses et à dégarnir les traverses de ballast.

Pour cela, 4 *éclisseurs* (A) enlèvent les deux boulons d'éclisses du milieu ; ils desserrent et resserrent les écrous des deux autres boulons, et s'il est indispensable de les casser pour les sortir, ils le font de suite, afin qu'on puisse les enlever vivement quand il s'agira de couper la voie. En même temps ces 4 hommes réunissent par petits tas, correspondant à une longueur de rails, le petit matériel qui a été déposé par les wagons le long de la ligne. Pour que ce matériel ne se perde pas dans le ballast, ils le disposent avec soin en rangeant d'abord les 12 coins, puis les éclisses, et par-dessus le tout les boulons. Ils complètent l'approvisionnement partout où il y a des manquants, et il est bon de les rendre responsables de ce travail.

Tous les autres ouvriers commencent par mettre aussi loin que possible de la voie, pour qu'ils ne soient pas enterrés par le ballast au moment du dégarnissage, toutes les traverses et tous les rails approvisionnés. On s'assure en même temps que le matériel est complet pour la portion de voie que l'on va couper et l'on répartit, s'il y a lieu, les rails courts nécessaires dans les courbes.

Ensuite ces 30 hommes, avec des battes et des

pelles, commencent le dégarnissage de la voie et rejettent le ballast sur les côtés en le disposant de manière qu'il ne puisse gêner le passage des trains, conformément aux indications des règlements de la Compagnie. On enlève le ballast jusqu'au niveau du dessous des traverses et sur les côtés, jusqu'à 0^m,20 environ des bouts.

2e PÉRIODE. — *Démontage de la vieille voie.*

Lorsque la voie est dégarnie, et après que l'on a posé les signaux qui doivent protéger l'atelier, on procède au démontage de la vieille voie. Voici dans quel ordre le travail s'exécute et comment on peut le diviser entre les 40 ouvriers de l'équipe :

4 *éclisseurs* (A) enlèvent les deux derniers boulons d'éclisses et disposent en tas les vieilles éclisses et leurs boulons à côté des petits tas de matériel neuf.

4 *coinceurs* (B) chassent les coins.

1 *aide* (C) suit les coinceurs et, avec une pince, renverse le rail à plat pour qu'il soit plus facile à enlever.

7 *collineurs de rails* (D) enlèvent les rails et les jettent sur le côté de la voie.

1 *aide* (E) soulève les traverses d'un bout avec une batte et les cale pour qu'elles soient plus faciles à saisir et à enlever.

12 *tollineurs de traverses* (F), divisés en 3 équipes
de 4 hommes, enlèvent les traverses et les
mettent sur le côté de la voie (on ne les porte
pas à l'épaule afin d'aller plus vite).

1 *aide* (G) ramasse les vieux coins et en fait des
tas.

9 *régaleurs* (H), avec des battes et des pelles,
abaissent le ballast et le régalent pour la pose
des nouvelles traverses.

1 *aide* (I), provisoirement le sous-chef, pose bout
à bout les règles divisées qui indiquent la
place des traverses neuves.

Total, 40 hommes.

3e PÉRIODE. — *Pose de la voie neuve.*

Au fur et à mesure de l'avancement de leur premier travail décrit ci-dessus, les hommes passent
successivement aux travaux suivants :

Les 4 *éclisseurs* (A) se réunissent et commencent à
apporter des traverses neuves et à les jeter
sur la plate-forme.

Les 4 *coinceurs* (B) se mettent deux à deux et amènent les traverses à peu près à leur place suivant les divisions des règles.

L'*aide* (C) vient prendre la place du sous-chef (I)
et continue la pose des règles.

Le *sous-chef* (I) prend avec lui

2 *régaleurs* (H), et il met en ligne les coussinets de
traverses pour que le rail puisse s'y engager.

Les 7 *coltineurs de rails* (D), après avoir fini l'enlèvement des vieux rails, aident au coltinage
des traverses neuves, jusqu'au moment où
les coltineurs de traverses (F) ont terminé à
leur tour l'enlèvement des vieilles traverses.

   Ensuite ils coltinent et mettent en place
les rails neufs. Six d'entre eux portent les
rails, le septième porte l'équerre de pose et
les cales à joints et aide les autres.

L'*aide* (E) distribue les éclisses et deux boulons à
chaque joint de rails.

Les 12 *coltineurs de traverses* (F) ayant terminé l'enlèvement des traverses vieilles, coltinent les
traverses neuves.

Les 4 *éclisseurs* (A) abandonnent alors le coltinage
des traverses et commencent l'éclissage avec
les deux boulons des extrémités.

 2 des *coinceurs* (B) prennent une des règles divisées et marquent sur le rail avec de la craie
la position exacte du milieu de chaque traverse. Ensuite, avec chacun une pince, ils
amènent les traverses à leur place sous la
marque à la craie.

L'*aide* (G) ayant fini d'enlever les vieux coins, distribue les coins neufs.

Les 2 autres *coinceurs* (B) commencent le coin-
çage.

 6 *régaleurs* (H), qui prennent alors le nom de pin-
ceurs, se joignent aux deux coinceurs précé-

dents. Avec chacun une pince, quatre d'entre
eux soulèvent les traverses par les bouts et les
deux autres forcent le rail dans le coussinet
pour qu'il s'applique bien. C'est alors que les
coinceurs engagent leurs coins et les chassent.

Le *régaleur* (H) restant suit les coinceurs et jette
du ballast sous les traverses.

Les 12 *coltineurs de traverses* (F) et les 2 *régaleurs*
(H) qui étaient avec le sous-chef se joignent
au précédent pour jeter du ballast dans la
voie.

Les 7 *coltineurs de rails* (D) prennent deux leviers
et relèvent la voie sous la direction du sous-
chef, en bourrant le ballast sous les traverses
les plus rapprochées de chaque joint.

L'*aide* (E) distribue les deux derniers boulons à poser
à chaque joint.

Les 4 *éclisseurs* (A) posent les troisième et qua-
trième boulons.

Les 2 *premiers coinceurs* (B) commencent le bourrage des traverses, et successivement après eux
tous les autres ouvriers, au fur et à mesure
de l'achèvement de leur travail.

5 des *coltineurs de rails* (D) lorsqu'ils ont fini le relevage, prennent chacun une pince et dres-
sent la voie sous la direction du sous-chef de
pose.

A ce moment, les trains peuvent passer.

4ᵉ PÉRIODE. — *Regarnissage et règlement du ballast ;
enlèvement du matériel ; observations.*

Avant de remplir la voie de ballast, il est bon de
laisser passer plusieurs trains, afin de bien voir et
de pouvoir réparer les défectuosités qui se manifestent par suite des différences dans le bourrage des
traverses,

Lorsqu'on se prépare à regarnir, travail qui se
fait le plus souvent quand les intervalles entre les
trains ne permettent pas de couper la voie, on commence par régler de nouveau les deux files de rails
avec les nivelettes ; on refait le bourrage des traverses pendant que l'on frappe une dernière fois sur
tous les coins, et l'on dresse définitivement. Ceci fait,
on remet le ballast au profil et l'on règle les accotements et les talus.

Il faut avoir soin, pour le bourrage comme pour
le regarnissage, de donner à faire, autant que possible, une longueur de rail à chaque homme et dans
tous les cas où on le peut de diviser le travail de
cette façon.

On remarquera que dans l'exemple ci-dessus on
pourrait sans inconvénient supprimer un des régaleurs (H) ou 4 coltineurs de traverses (F) s'il man-
quait des ouvriers, ce qui arrive fréquemment. On
voit donc ce qu'il y aurait à faire pour marcher avec
moins de 40 hommes.

On comprend aussi que ce qui peut retarder ou avancer le travail, c'est surtout la nature du ballast. Si l'on peut peller et bourrer facilement, ou si au contraire le ballast est dur et difficile, on diminue ou l'on augmente le nombre des régaleurs et des coltineurs, et l'on fait aider, dans tous les cas, ceux qui sont en retard par ceux qui ont pris de l'avance.

L'enlèvement du matériel se fait, comme l'approvisionnement, au moyen des wagonnets ou des trains de wagons. Les matériaux ayant été rangés avec ordre, on n'en doit perdre aucun.

Quelquefois les équipes de renouvellement se divisent en trois groupes qui sont chargés, le premier du dégarnissage, le groupe principal du démontage de la vieille voie et de la pose de la voie neuve, et le troisième du regarnissage et du règlement du ballast.

On trouvera à la fin de cet ouvrage une liste des outils qui sont nécessaires à une équipe de pose. Ils sont tous d'un usage ordinaire; on peut y ajouter une broche en fer de $0^m,25$ de longueur et de 27 millimètres de diamètre, un peu appointée d'un bout; cette broche, semblable à celle que passent les chaudronniers dans les trous de rivets qui ne correspondent pas, est très-utile pour faire venir le rail quand on ne peut pas éclisser par suite de défauts dans le percement des trous, ce qui se présente quelquefois.

II. — VOIE VIGNOLE.

1re PÉRIODE. — *Travail préliminaire avant de couper la voie.*

Comme pour la voie à double champignon.

2e PÉRIODE. — *Démontage de la vieille voie.*

4 *éclisseurs* (A) enlèvent les éclisses (comme pour la voie à double champignon).

6 *cloueurs* (B), avec chacun une pince à pied-de-biche, arrachent les crampons.

1 *aide* (C) ramasse les crampons, les met en tas, puis, ce travail achevé, pose les règles divisées.

1 *aide* (sous-chef) (G) renverse les rails avec une pince.

7 *collineurs de rails* (D) enlèvent les rails.

1 *aide* (E) soulève les traverses d'un bout et les cale.

12 *collineurs de traverses* (F) enlèvent les traverses.

8 *régaleurs* (H) abaissent le ballast et le nivellent.

Total, 40 hommes.

3ᵉ PÉRIODE. — *Pose de la voie neuve.*

Les hommes passent ensuite successivement aux travaux suivants :

Les 4 *éclisseurs* (A) commencent à apporter des traverses neuves.

Les 6 *cloueurs* (B) se mettent au même travail que les précédents.

L'*aide* (C) continue à poser les règles divisées.

Le *sous-chef* (G) et les 7 *coltineurs de rails* (D) se réunissent et apportent des traverses neuves.

L'*aide* (E) et 2 des *coltineurs de rails* (F) alignent les traverses pour que le rail repose sur les entailles.

Les 10 *coltineurs de traverses* (F) qui restent passent au coltinage des traverses neuves en remplacement des 7 *coltineurs de rails*.

Les 7 *coltineurs de rails* (D) commencent la pose des rails.

2 *régaleurs* (II) prennent une règle divisée, font les marques à la craie sur les rails et mettent les traverses en place exacte.

Les 4 *éclisseurs* (A) commencent l'éclissage avec deux boulons.

Les 6 *cloueurs* (B) commencent le perçage des trous de tarière et le clouage des crampons.

Les 6 *régaleurs restants* (II) prennent des pinces et soutiennent les traverses pendant le clouage.

(Un homme avec une pince suffit pour soutenir la traverse quand on peut la prendre en
bout. Il faut deux pinces quand on ne peut
la saisir que par les côtés.)

Les 10 *collineurs de traverses* (F) jettent du ballast dans la voie.

L'aide (C) se joint aux précédents.

Les 7 *collineurs de rails* (D) ainsi que l'*aide* (E) et
les 2 *collineurs de traverses* (F) commencent
à faire le relevage de la voie sous la
conduite du sous-chef.

Les 4 *éclisseurs* (A) posent les 3ᵉ et 4ᵉ boulons.

Les 6 *cloueurs* (B) bourrent les traverses, et suc-
cesssivement après eux tous les autres ouvriers viennent se mettre à ce travail.

5 des *collineurs de rails* (D), lorsque le relevage
est fini, dressent la voie avec des pinces sous
la direction du sous-chef.

4ᵉ PÉRIODF. — *Regarnissage et règlement
du ballast, etc.*

On procède au regarnissage comme pour la voie
à double champignon et, avant de finir, on visite
une dernière fois les crampons en les enfonçant tous
à fond.

On trouvera à la fin de cet ouvrage la liste des
outils nécessaires à l'équipe de pose.

CHANGEMENTS ET CROISEMENTS DE VOIES.

DESCRIPTION.

On appelle *changement de voie* l'appareil à aiguilles au moyen duquel on fait passer les trains d'une voie sur l'autre.

Le *croisement de voies* est l'appareil à pointe de cœur que l'on établit au point ou deux voies se croisent.

Une voie *diagonale*, ou simplement une diagonale, relie deux voies parallèles l'une à l'autre. Il y a conséquemment un changement à chaque extrémité et deux croisements au passage de chaque voie.

Une *traversée de voies* s'établit sur des voies qui se croisent sans que l'on puisse passer de l'une sur l'autre. Cet appareil n'a donc que des croisements de voies et pas d'aiguilles.

TRACÉ EN LIGNE DROITE.

La *fig.* 20 représente le plan général d'une *voie diagonale* en *rails Vignole*, entre deux voies, en ligne droite, parallèles et à l'écartement d'entre-voie de 2^m,06, mesuré entre les bords extérieurs des champignons des rails.

On voit à gauche un changement de voie et à

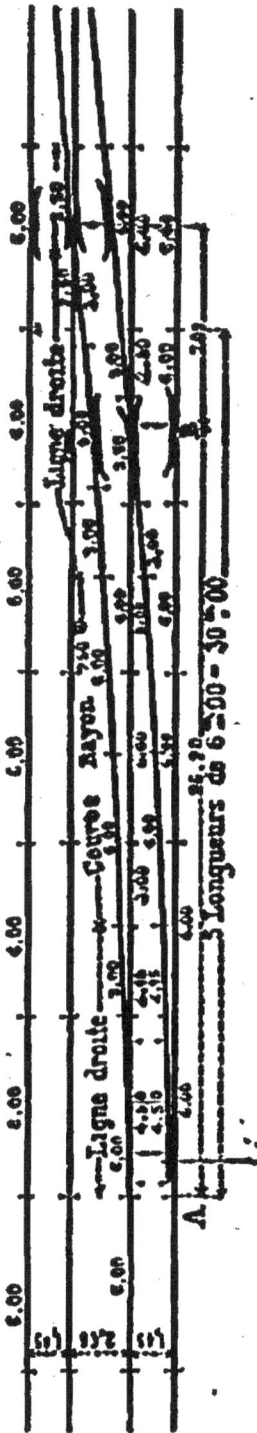

Fic. 29.

Voie diagonale en rails Vignole.

Plan général indiquant la longueur des rails.

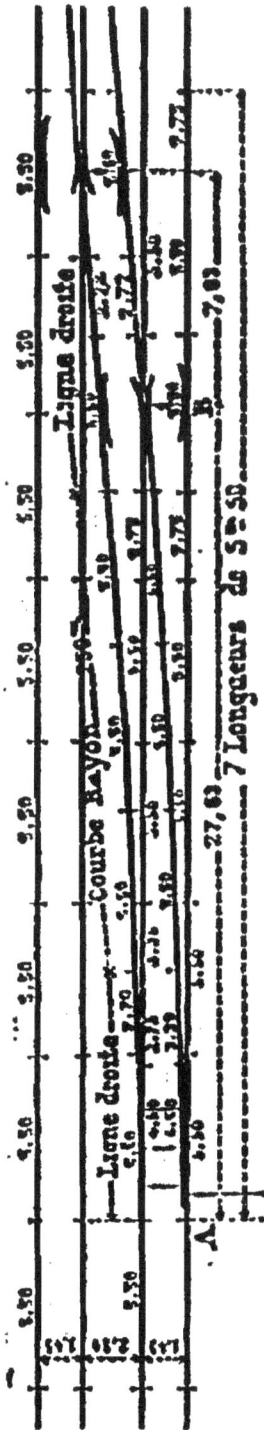

Fic. 30.

Voie diagonale en rails à double champignon.

Plan général indiquant la longueur des rails.

droite les deux croisements. On comprend que le

changement de voie qui ne figure pas sur le dessin est établi exactement comme le premier.

La *fig.* 30 représente le plan d'une *diagonale en rails à double champignon*, entre deux voies à l'écartement d'entre-voie de 2^m,14.

Ces deux dessins sont ceux des types actuellement employés dans la compagnie d'Orléans sous la dénomination de « réseau exploité ».

Pour établir la diagonale du *système Vignole* à l'écartement d'entre-voie de 2^m,06, il faut en total une longueur de 59^m,43, se décomposant ainsi (voir *fig.* 29) :

Du 1er changement au 1er croisement. .	26^m,20
Entre les deux croisements.	7 ,03
Du 2e croisement au 2e changement. .	26 ,20
Total.	59^m,43

Pour poser un *changement et un croisement Vignole*, on enlève d'abord trois longueurs de rails de 6 mètres, à la place que doit occuper le changement, et deux longueurs pour *la place du croisement*.

La *fig.* 31 fait voir par des lignes pointillées quels sont les rails à enlever, et l'on trouve sur la *fig.* 29 quels sont les appareils et les bouts de rails qui en prennent la place.

Le tracé en ligne droite est donc très-simple : les changements et les croisements s'emboîtent exactement dans les vides que laissent les rails enlevés;

d'un croisement à l'autre, la diagonale est en ligne

Fig. 51.

Pose d'une voie diagonale en rails Vignole.

Rails à colever.

droite et la courbe de raccordement, entre le croisement et le changement, est calculée pour 250 mètres

de rayon. On verra plus loin que ce rayon diminue généralement un peu dans la pratique.

Pour poser sur une voie existante un *changement et un croisement de voies du système à double champignon*, il faut enlever trois rails à l'emplacement du changement et six rails à la place du croisement. (Voir *fig.* 30.) De même que pour la voie Vignole, la diagonale est calculée pour une courbe de raccordement de 250 mètres de rayon entre le changement et le croisement.

Les plans que l'on vient d'examiner s'appliquent à des croisements *tangente* 0,10. Cette désignation, dont on trouvera plus loin l'explication détaillée à l'article *Croisements*, veut dire que la pointe de cœur s'élargit de $0^m,10$ par mètre ou, ce qui revient au même, de $0^m,01$ par 10 centimètres. Si l'on prolonge avec un cordeau la branche de la pointe de cœur qui se trouve sur la diagonale, on obtient l'alignement droit du tracé entre les deux voies principales.

Sur la *fig.* 29, l'entre-voie est de $2^m,06$; si cette largeur augmente, la distance entre les deux croisements de la diagonale augmente aussi dans la proportion que l'on vient de trouver pour la tangente du croisement, soit de $0^m,10$ pour 1 centimètre d'élargissement de l'entre-voie.

Ainsi, pour l'entre-voie de $2^m,14$, c'est-à-dire pour $0^m,08$ d'augmentation, la distance entre les deux croisements est de $0^m,80$ plus grande $= 7^m,03 + 0^m,80$

ou 7^m,83. C'est précisément la longueur que l'on trouve sur la *fig.* 30 pour la diagonale en rails à double champignon.

La lame d'aiguille fait aussi un angle avec le contre-rail. La tangente de cet angle dans les deux systèmes Vignole et double champignon (type, réseau exploité Orléans) est de 0,02778, ce qui veut dire que la lame d'aiguille s'écarte du contre-rail de 0^m,02778 par mètre.

On a vu (*fig.* 29) que la distance AB du joint du contre-rail près de la pointe de l'aiguille à la pointe de cœur (système Vignole) est, dans le type, de 26^m,20. Cette distance n'est pas invariable; elle convient aux voies en rails de 6 mètres, parce qu'elle place les deux appareils dans cinq longueurs de rails, ce qui donne le moins possible de coupons; mais on peut la réduire à 25 mètres et l'augmenter jusqu'à 29 mètres, tout en conservant la courbe de raccordement de 250 mètres de rayon. Ce sont là les limites extrêmes indiquées par le type, et même à ces limites, la courbe ne finit qu'à la pointe de cœur. Avec une distance AB plus faible ou plus grande, on obtiendrait une courbe de raccordement d'un rayon inférieur.

Pour la voie à double champignon, la longueur AB du dessin est de 27^m,63. Elle peut être réduite ou augmentée comme ci-dessus. Avec la longueur de 27^m,63 (27^m,23 de pointe d'aiguille en pointe de cœur), la courbe de 250 mètres de rayon commence

7.

à 4m,02 après le talon de la lame d'aiguille ; elle finit à 0m,71 avant la pointe de cœur. Mais, comme on pose ordinairement en ligne droite l'appareil de croisement tout entier, la courbe finit alors à 2m,88 de la pointe réelle du cœur (extrémité des pattes de

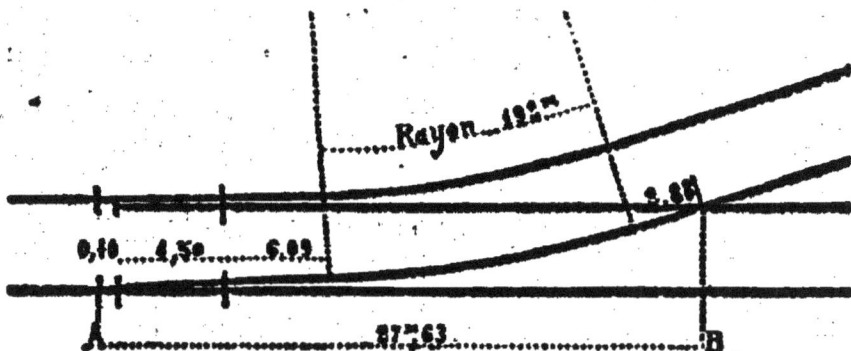

Fig. 52.

Tracé avec 27m,23 de pointe en pointe.

lièvre) ; elle commence à 6m,09 après le talon de la lame d'aiguille et elle a 192 mètres de rayon.

Avec la longueur de 29 mètres de A en B (28m,60 de pointe en pointe), on obtiendrait le tracé suivant dans lequel le rayon de la courbe descend à 173 mètres :

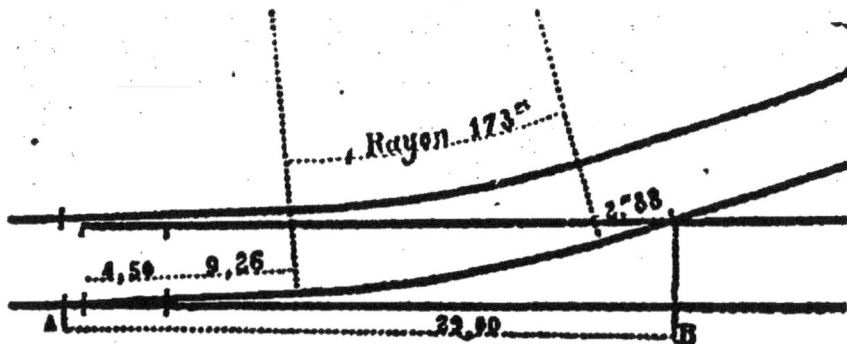

Fig. 53.

Tracé avec 28m,60 de pointe en pointe.

Si l'on prend la limite inférieure de 24 mètres ou, ce qui vaut mieux, si l'on adopte la longueur 24ᵐ,88 de A en B (24ᵐ,48 de pointe en pointe), on trouve un tracé qui ne donne qu'une petite portion de ligne droite après le talon de l'aiguille, mais qui augmente notablement le rayon de la courbe de raccordement.

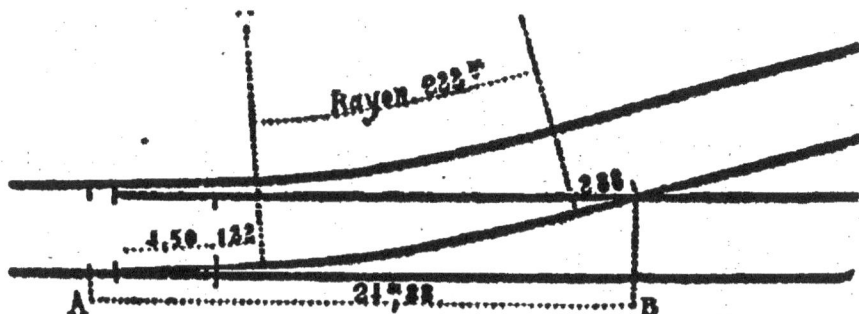

FIG. 31.

Tracé avec 24ᵐ,88 de pointe en pointe.

On peut encore modifier ce dernier tracé en adoptant le rayon de 200 mètres pour la courbe de raccordement, ce qui donne 3ᵐ,66 d'alignement droit à partir de la pointe de cœur et 2 mètres après le talon de la lame d'aiguille.

Pour la voie Vignole, la distance de la pointe réelle de cœur à l'extrémité des pattes de lièvre est, comme on le verra plus loin, de 2ᵐ,20 au lieu de 2ᵐ,88 (double champignon). Si dans ce type on arrête la courbe à ce point, on obtient avec la distance AB = 26ᵐ,20 (fig. 29) le tracé suivant. (Voir fig. 35.)

Si, comme pour la voie à double champignon dont il vient d'être parlé, on désire prolonger les alignements droits en adoptant le rayon de 200 mètres pour la courbe de raccordement, cette courbe com-

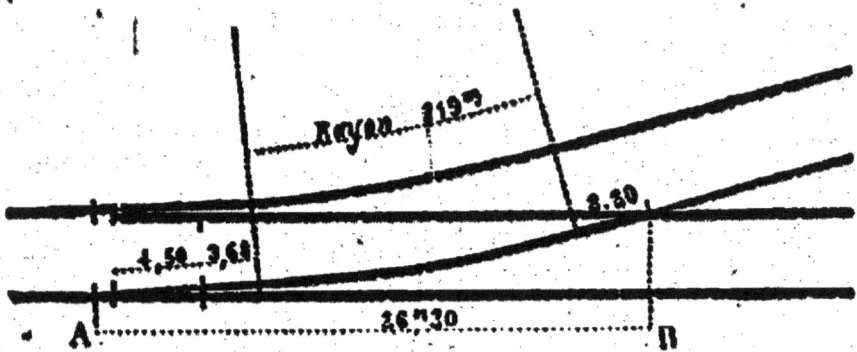

Fig. 55.

Changements en rails Vignole. Tracé avec 25ᵐ,80 de pointe en pointe.

mence à 4ᵐ,38 du talon de la lame d'aiguille et finit à 2ᵐ,90 de la pointe de cœur.

Lorsque le changement et le croisement sont en place, on établit la courbe de raccordement au moyen des ordonnées du tableau nᵒ 3, page 10, en prolongeant avec le cordeau l'alignement de la lame d'aiguille d'une part, et de l'autre l'alignement de la pointe de cœur et de ses branches.

TRACÉ EN COURBE.

Le tracé des changements de voie et des diagonales entre des voies en ligne droite est facile, ainsi qu'on vient de le voir, mais il présente souvent des difficultés lorsque les voies principales sont en courbe.

Comme il serait impossible de définir tous les cas qui peuvent se présenter dans la pratique, car ils sont très-nombreux, on va se borner à donner des indications et quelques exemples qui pourront servir de guide.

En courbe, la première chose à faire est de rechercher s'il n'est pas possible d'établir en ligne droite la portion de voie occupée par les appareils. C'est la meilleure solution, et elle est souvent possible quand les courbes sont de grand rayon. La question est alors résolue; on n'a simplement qu'à se raccorder avec la voie principale, avant l'aiguille et après le croisement, par une courbe de rayon plus petit, en ayant soin de réserver, autant qu'on le peut, une longueur de rails au moins en ligne droite, avant la pointe d'aiguille et au passage de la pointe de cœur.

Lorsque l'on conserve une courbe sur la voie principale, on peut considérer deux cas :

1e La voie diagonale tourne dans le même sens que la voie principale. Dans ce cas, la pointe de cœur se trouve sur le petit rayon de la courbe de la voie principale.

2e La voie diagonale tourne en sens contraire de la voie principale, et la pointe de cœur est établie sur le grand rayon.

1er cas. La *fig.* 36 montre que, pour le premier cas, la courbe R de la voie principale se trouve comprise entre les deux alignements droits qu'il convient de ménager pour la pose des appareils de changement et de croisement. La courbe *r* de la diagonale aura son rayon d'autant plus petit que ce rayon R de la voie principale sera plus petit lui-

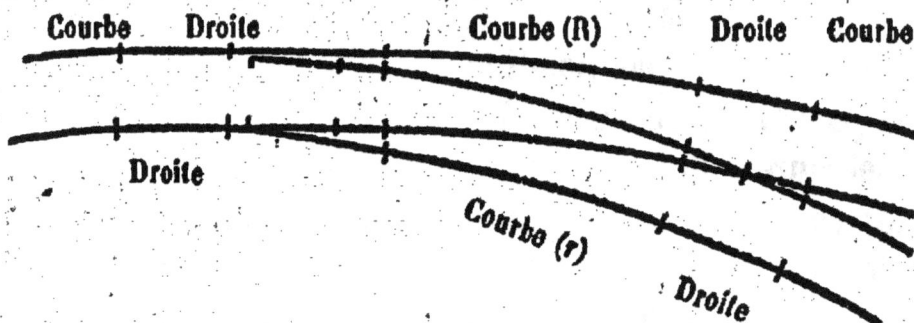

Courbe   Droite   Courbe (R)   Droite   Courbe

Droite

Courbe (r)

Droite

FIG. 36.

Changement de voie en courbe.
1ᵉʳ cas. — Pointe de cœur sur le petit rayon.

même. En supposant que l'on a adopté la distance AB de la *fig.* 34, soit 24ᵐ,48 de pointe en pointe, on trouvera dans le tableau suivant, en regard du rayon R, la valeur du rayon *r* de la diagonale. Le tableau commence par indiquer le rayon déjà trouvé *fig.* 34 pour le cas de la voie principale en alignement droit. Les autres rayons qui sont donnés en chiffres ronds varieraient peu s'il s'agissait du système Vignole posé comme il est indiqué *fig.* 35, avec 25ᵐ,80 de distance de pointe en pointe.

On se rappellera que le tableau ci-après est fait pour des croisements tangente 0,10 et les lames d'aiguille du Réseau Exploité d'Orléans qui font un angle tangente 0,02778 avec le contre-rail.

Les courbes ainsi calculées réservent toujours,

comme on l'a déjà dit et comme l'indique la *fig.* 86, un alignement droit pour le croisement à partir

RAYONS DE COURBURE

DES VOIES ENTRE L'AIGUILLE ET LA POINTE DE CŒUR.

(Courbes de même sens.)

Croisement tangente 0,10.

VOIE PRINCIPALE R.	VOIE DIAGONALE r.
	m.
Alignement droit.	222
3.000ᵐ	215
2.000	210
1.500	200
1.000	190
800	180
700	175
600	170
500	160
400	145
300	125

de l'extrémité des pattes de lièvre, pour les lames d'aiguille et leurs contre-rails, et pour une petite longueur variable après le talon de l'aiguille.

Pour des voies qui ne doivent être parcourues que par des wagons, on peut descendre jusqu'aux rayons les plus petits du tableau, mais pour la circulation des machines on est obligé d'employer des rayons assez grands. On peut ordinairement, sans inconvénient, aller jusqu'à 180 et 170 mètres sur la diagonale, ce qui correspond à des rayons de 800 à 600 sur la voie principale.

La pose d'un changement de voie sur une courbe nécessite donc, dans tous les cas, la rectification du tracé de la voie principale, puisqu'il faut poser en ligne droite les appareils de changement et de croisement. De plus, dans les courbes de faible rayon, il est nécessaire, pour les croisements tangente 0,10 dont il s'agit en ce moment, d'adopter un rayon plus grand pour la portion de voie comprise entre le croisement et l'aiguille.

A titre d'exemple, voici un tracé qui pourrait être employé dans le cas d'une voie principale en courbe de 300 mètres.

La courbe adoptée, dans ce tracé, pour la voie principale entre le changement et le croisement, a 600 mètres de rayon, ce qui donne 170 mètres de rayon à la courbe de la diagonale. La rectification du tracé de la courbe de 300 mètres a lieu sur 158^m,47 de longueur ; le rabattement pour des raccordements par des courbes de 250 mètres de rayon est de 1^m,28 à 5^m,50 avant l'aiguille et de 1^m,24 au talon du croisement.

Il n'est pas toujours possible de faire des rectifications de ce genre, qui peuvent écarter beaucoup la voie de l'axe de la ligne sur lequel sont ordinairement établis des ouvrages que l'on ne peut songer à déplacer. On peut avoir recours alors à des croisements plus effilés, au croisement tangente

Courbe primitive : Rayon, 500. — Longueur de la rectification, 158m,47.

Courbe de 250 sur 61m,58.

Courbe de 250m sur 65m,16.

Droite
sur 11m

Courbe R 600, Droite
sur 16m,50   5m,50.

Droite   Courbe   Droite
r = 170m

Fig. 57.

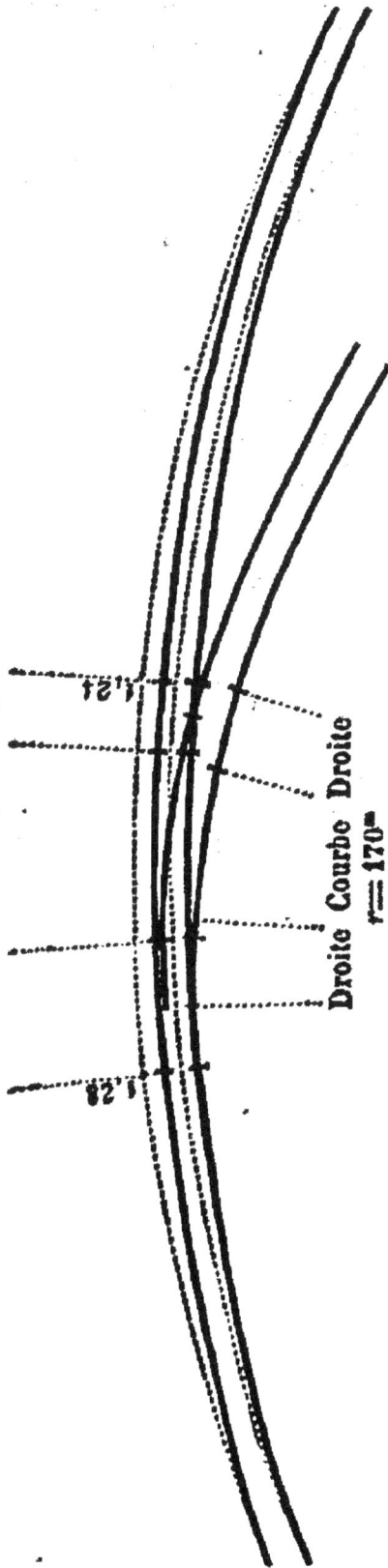

Rectification d'une courbe de 500 pour la pose d'un croisement tangente 0,10 sur le petit rayon.

0,08 par exemple, qui a été employé souvent, notamment dans le type Vignole des lignes du Réseau Central d'Orléans.

L'emploi de ce croisement nécessite une plus grande distance entre l'aiguille et la pointe de cœur. On peut intercaler les appareils dans six longueurs de rails de 5ᵐ,50, ou dans une longueur à peu près égale de rails Vignole, et l'on obtient alors les rayons indiqués au tableau suivant, établi d'après les conditions de la *fig.* 36 :

RAYONS DE COURBURE
DES VOIES ENTRE L'AIGUILLE ET LA POINTE DE CŒUR.

(Courbes de même sens.)

Croisement tangente 0,08.

VOIE PRINCIPALE R.	VOIE DIAGONALE r.
	m.
Alignement droit.	317
1.000ᵐ	300
800	280
700	265
600	250
500	230
400	200
300	170
250	150
200	130

La distance de pointe en pointe est de 29ᵐ,88, en admettant que le croisement tangente 0,08 se place dans 5ᵐ,50 de longueur comme le croisement tangente 0,10 du type double champignon. Du reste, les rayons du tableau ci-dessus sont, comme ceux du précédent tableau, donnés en chiffres ronds, suffisants dans la pratique pour le tracé des courbes de raccordement entre les appareils, lors même que l'on ferait varier un peu leur écartement.

2ᵉ *cas.* — Lorsque la voie diagonale tourne en sens contraire de la voie principale et que, par suite, la pointe de cœur se trouve sur le grand rayon, on peut employer le croisement tangente 0,10, avec la longueur 24ᵐ,48 de pointe en pointe, sur toutes les courbes jusqu'à 300 mètres de rayon. Au-dessous de 300, la pose n'est plus possible parce que les alignements prolongés de la lame d'aiguille et du croisement ne se rencontrant plus dans l'intervalle compris entre les appareils, il faudrait une courbe et une contre-courbe pour les raccorder.

Avec une courbe de 300 mètres sur la voie principale, entre le talon de l'aiguille et l'extrémité des pattes de lièvre, le rail de la voie diagonale est presque en ligne droite du changement au croisement. On raccorde à l'œil par une courbe insensible l'angle très-ouvert que font les alignements prolongés de la lame d'aiguille et de la pointe de cœur. Cette courbe diminue de rayon à mesure que celui de la voie principale augmente en se rapprochant toujours du rayon de 222 mètres que l'on retrouve pour le cas de l'alignement droit. (Voir *fig.* 34.)

Le croisement tangente 0,10 peut donc être employé dans le 2ᵉ cas pour les courbes de 300 mètres et au-dessus; mais, comme pour le 1ᵉʳ cas, il nécessite sur les courbes de faible rayon une rectification assez notable du tracé.

La *fig.* 38 montre à titre d'exemple comment on pourrait rectifier le tracé d'une courbe de 300 mètres pour la pose d'un croisement tangente 0,10 sur le grand rayon.

Dans ce tracé, on ménage comme précédemment 11 mètres de longueur de ligne droite pour l'aiguille et 5ᵐ,50 pour le croisement; la courbe de 300 mètres est conservée entre ces deux alignements. La courbe de 300 mètres primitive se rabat de 0ᵐ,61 à 5ᵐ,50 avant l'aiguille et de 0ᵐ,55 au talon du croisement; le raccordement est fait par deux courbes de 250 mètres. La longueur totale de la rectification est de 116ᵐ,72.

Pour gagner du terrain, on peut employer dans ce cas des croisements plus ouverts que le croisement tangente 0,10. Le croisement tangente 0,125 du type Réseau Central d'Orléans pourrait se placer en ligne droite avec 20ᵐ,90 de distance de la pointe d'aiguille à la pointe de cœur. En admettant comme précédemment que la lame d'aiguille fait un angle tangente 0,02778 avec le contre-rail, que la courbe commence au talon de la lame et qu'elle finit à 2ᵐ,88 de la pointe réelle du cœur, on obtient pour cette courbe un rayon de 134 mètres.

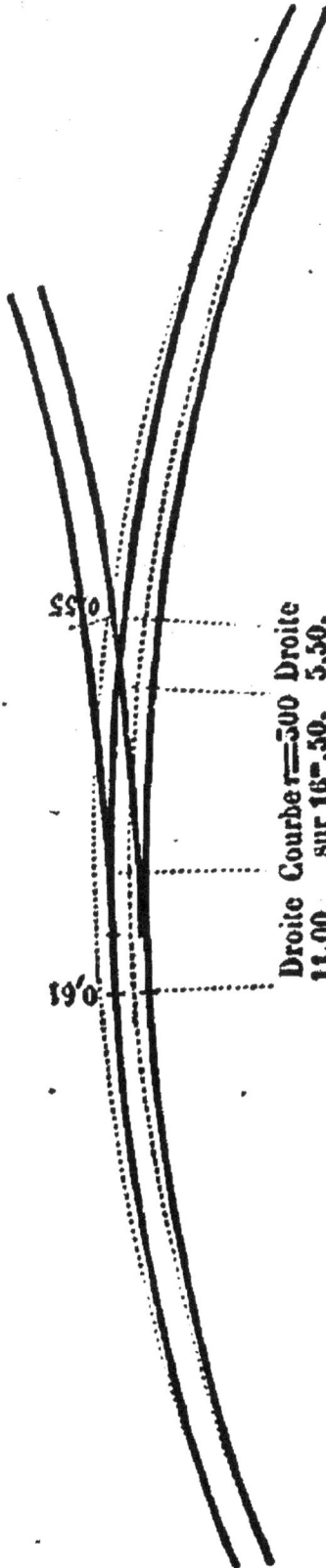

Fig. 58.

Rectification d'un courbe de 500 pour la pose d'un croisement tangente 0,10 sur le grand rayon.

Courbe de 250 sur 40m,61.

Droite Courbe=500 Droite
11,00.   sur 16m,50.   5,50.

0m55

0m19

Courbe primitive : Rayon 500. Longueur de la rectification, 116m,72.

Courbe de 250 sur 42m,90.

Le tableau suivant fait voir que le croisement tangente 0,125 peut être employé sur les courbes de 300 mètres de rayon et au-dessou. Les rayons r de la voie diagonale sont donnés pour $20^m,90$ de distance de pointe en pointe, sauf pour le rayon de 150 mètres qui nécessite la réduction de cette distance à 20 mètres pour que le raccordement soit possible.

RAYONS DE COURBURE

DES VOIES ENTRE L'AIGUILLE ET LA POINTE DE CŒUR.

(Courbe de sens contraire.)

Croisement tangente 0,125.

VOIE PRINCIPALE R.	VOIE DIAGONALE r.
	m.
Alignement droit.	131
300^m	220
250	230
200	280
150	350

En résumé, pour ce qui concerne les angles plus ou moins aigus des croisements, l'angle tangente 0,10 est le type ordinaire.

Les croisements plus effilés, tangente 0,08 par exemple, peuvent faciliter la pose dans le cas de diagonales tournant dans le même sens que la voie principale, lorsque celle-ci est en courbe de faible rayon. L'emploi de ces croisements exige une plus grande longueur entre l'aiguille et la pointe de cœur.

Les croisements plus ouverts, tangente 0,125 par exemple, peuvent être utiles dans les courbes de faible rayon, lorsqu'il s'agit de diagonales tournant en sens opposé de la voie principale, et lorsqu'on ne dispose que d'une petite longueur entre l'aiguille et la pointe de cœur.

Quand deux changements de voie se succèdent, on laisse d'habitude une longueur de rails entre le talon du croisement et l'aiguille suivante, mais il n'y a pas d'inconvénient à supprimer cet intervalle quand on n'a pas la place nécessaire.

CHANGEMENTS DE VOIES.

Il faut maintenant étudier en détail les appareils.

La *fig.* 39 donne le dessin d'un changement de voie simple Vignole : le changement simple est le changement à deux voies; le changement à trois voies s'appelle *changement double.*

La *fig.* 40 représente un changement simple en rails à double champignon.

Sans qu'il soit besoin d'autre explication, on trouve sur ces dessins l'espacement des traverses, les longueurs des rails et des aiguilles et les marques que

Fig. 59.

Changement de voie simple en rail Vignole (modèle réseau exploité, Orléans). —
PLAN.

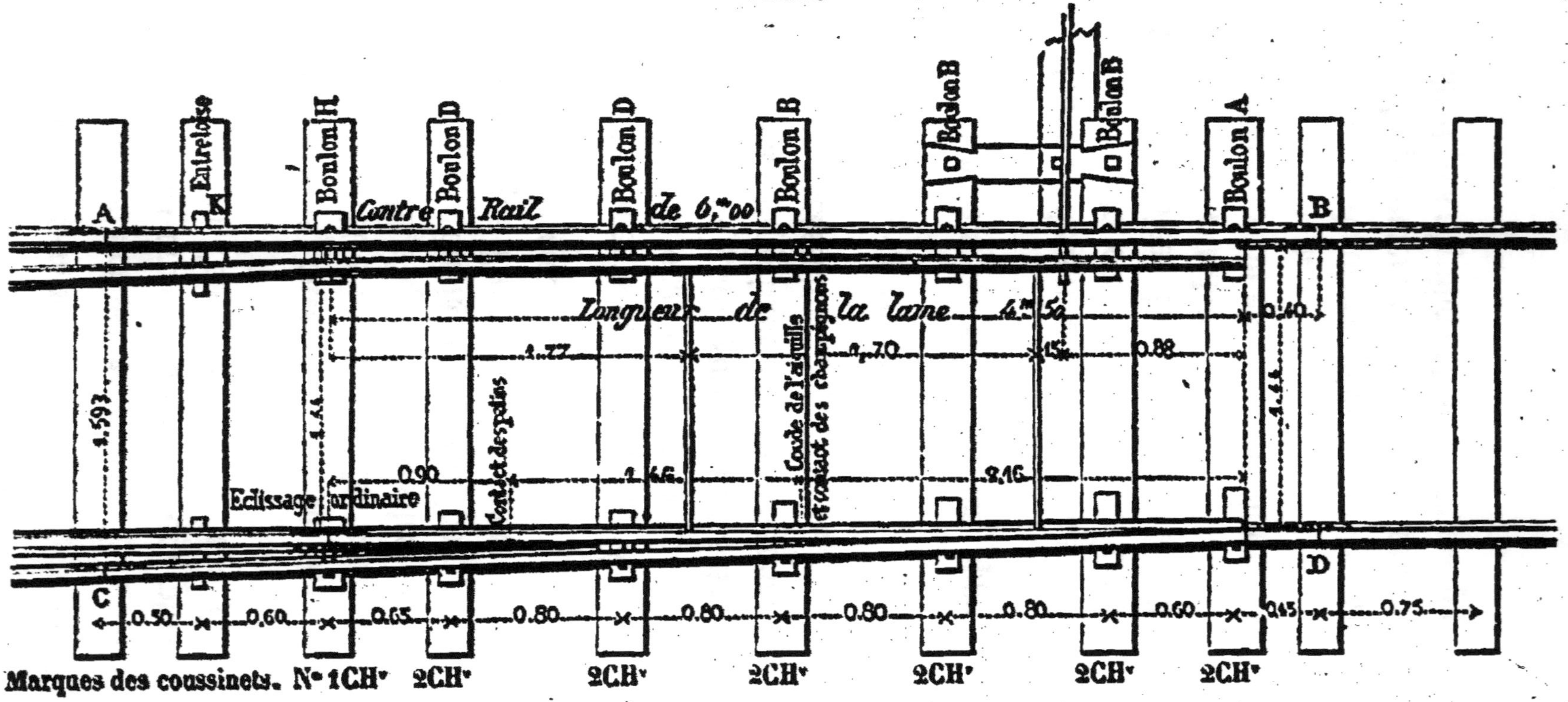

portent dans la Compagnie d'Orléans les coussinets
du modèle « réseau exploité ».

Un changement Vignole (*fig.* 39) se compose des
pièces suivantes :

2 *lames d'aiguilles* en acier de $4^m,50$ de longueur, une à droite, l'autre à gauche. La droite et
la gauche sont prises en entrant sur l'aiguille par la
pointe. Dans le dessin n° 32, la gauche est en dessous et la droite en dessus. Il est important de se
rappeler ces désignations afin de ne pas se tromper
quand on a besoin, par exemple, d'une lame de rechange ;

2 *rails contre-aiguilles* en acier de 6 mètres de
longueur, l'un à droite, l'autre à gauche comme les
lames. Le patin est entaillé pour que la lame d'aiguille puisse s'y loger. Ces contre-rails sont percés
pour le passage des boulons de coussinets ; la distance entre les trous est indiquée *fig.* 32 ; ces cotes
désignent en même temps l'écartement entre les
traverses ;

2 *coussinets de talon* marqués n° 1 CHV. Ces coussinets se placent au *talon* de l'aiguille. Dans le type
Réseau Central, ils portent un *ergot* ou goujon de
fer qui sert de pivot à la lame ; cet ergot se loge
dans un trou percé dans le patin ;

12 *coussinets de glissière* marqués n° 2 CHV ;

32 *chevillettes* pour fixer ces coussinets aux traverses ;

8

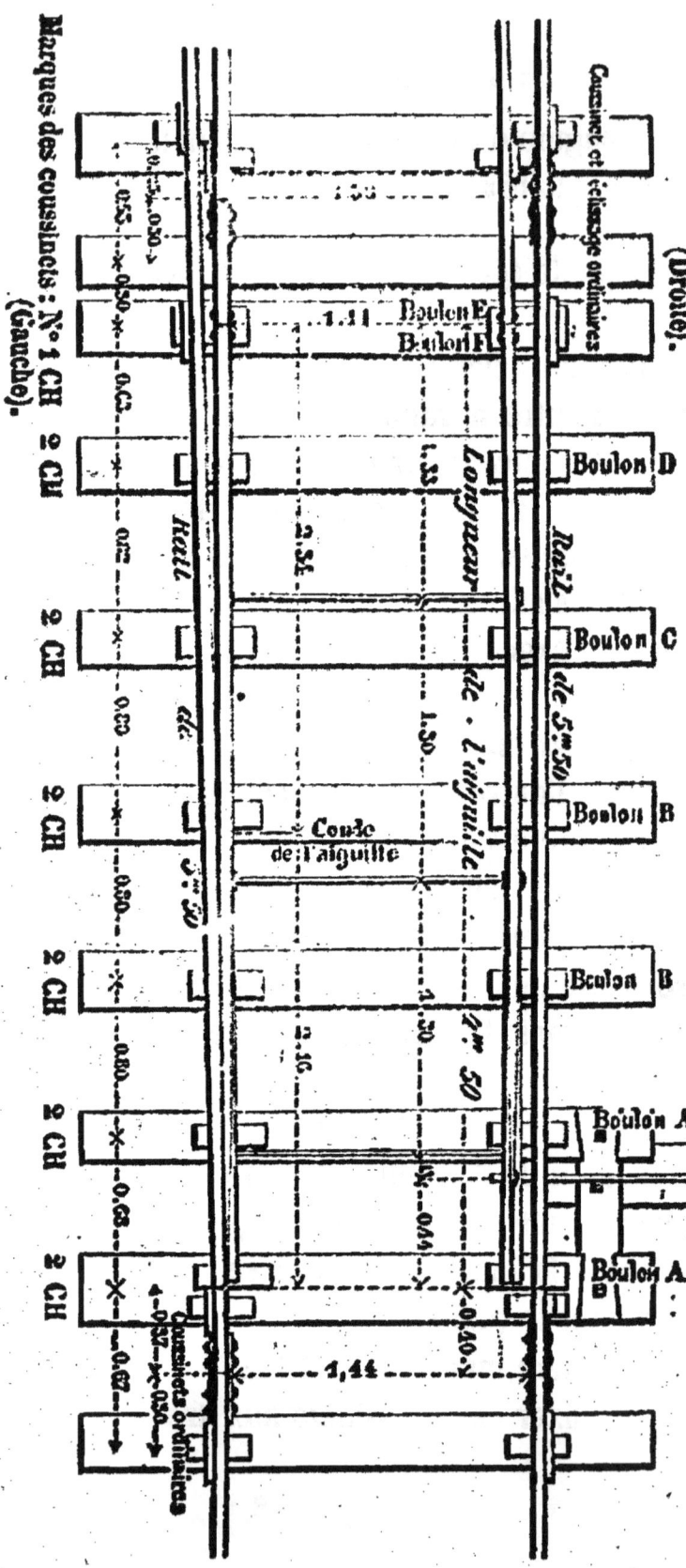

Fig. 40.

Changement de voie simple en rails à double champignon (modèle réseau exploité, Orléans).

Plan.

2 *tringles d'écartement* ou de *connexion*, reliant entre elles les deux lames d'aiguille;

2 boulons A de 80 millimètres de longueur, avec tête de 12 millimètres d'épaisseur, pour les coussinets de la pointe de l'aiguille;

6 boulons B de 80 millimètres de longueur, avec tête de 14 millimètres d'épaisseur, pour les trois paires de coussinets à la suite de la pointe ;

4 boulons de calage D de 180 millimètres de longueur, entièrement taraudés et à quatre écrous, pour les coussinets voisins des coussinets de talon. On règle ces boulons au moyen des écrous, de manière que la lame d'aiguille fermée s'appuie bien sur eux;

2 boulons de calage H pour coussinets de talon. Ces boulons ont 179 millimètres de longueur, dont 95 millimètres au diamètre de 20 millimètres, et 84 millimètres au diamètre de 40 millimètres. Appuyés sur l'éclisse du talon de l'aiguille, ils règlent à 65 millimètres l'intervalle compris entre les champignons.

En total, 14 boulons;

Une entretoise de 302 millimètres de longueur sur 30 millimètres de largeur, qui se place en K, à 0^m,60 au delà du talon de l'aiguille sur la traverse qui suit, laquelle doit être entaillée pour la recevoir. L'arête extérieure des patins des rails s'appuie sur les entailles de cette entretoise, ce qui règle à

81 millimètres l'intervalle qui doit exister à ce point entre les champignons;

Un appareil de manœuvre (*fig. 41*) composé d'un

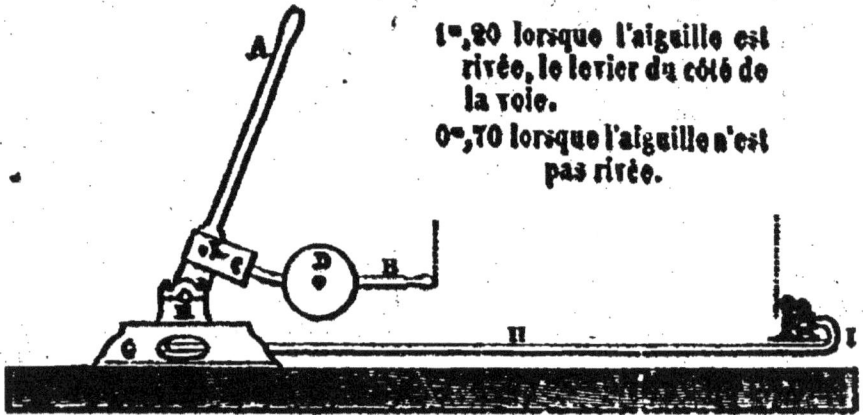

1ᵐ,20 lorsque l'aiguille est rivée, le levier du côté de la voie.

0ᵐ,70 lorsque l'aiguille n'est pas rivée.

Fig. 41.

Appareil de manœuvre d'aiguilles.

levier droit A, du *levier à douille* B qui porte un *contre-poids* ou lentille D et qui peut tourner autour du levier droit dont la *douille* C embrasse le pied, des *paliers* E avec leurs chapeaux fixés au moyen de boulons, du *support* en fonte ou *marmite* G, et de la *tringle de manœuvre* H qui se termine par un *col de cygne* I.

En passant une clef d'arrêt K qui traverse la douille et le levier droit, on fixe l'aiguille dans une des positions qu'elle peut prendre, car il est impossible alors de retourner le contre-poids; pour la manœuvrer, il faut soulever à la main le levier B qui, quand on ne le maintient plus, retombe dans sa première position. On dit qu'une aiguille est *rivée* lorsque cette clef d'arrêt ne peut plus être retirée, soit qu'on en martelle le bout, soit qu'on passe un cadenas dans une entaille faite à son extrémité dans ce but.

Les tringles d'écartement des aiguilles sont couvertes par des boîtes de recouvrement en tôle qui ont pour objet principal d'empêcher que les chaînes de wagons ne s'accrochent aux tringles. Ces boîtes sont fixées aux traverses par de fortes vis.

Les traverses que l'on emploie pour ce changement de voie sont des traverses ordinaires ; on choisit une des plus larges pour le talon de l'aiguille, ou, si l'on se trouve sur des lignes où il en existe, on y place une traverse de joint.

Le dessin n° 39 indique la traverse qui supporte l'appareil de manœuvre ; on voit comment elle est assemblée avec les deux traverses voisines par une entretoise entaillée à mi-bois sur les trois pièces et boulonnée.

Pour poser ce changement, on met d'abord les traverses en place. Ces traverses sont entaillées de niveau pour que le coussinet s'applique bien ; c'est le coussinet qui donnera l'inclinaison au $1/20^e$ vers le dedans de la voie.

On pose le rail contre-aiguille de la voie directe AB (*fig.* 39), puis le rail contre-aiguille CD de la diagonale. L'écartement de la voie à la pointe de l'aiguille doit être réduit de 0^m,01, c'est-à-dire qu'il n'est plus que de 1^m,44 au lieu de 1^m,45. On rac-

8.

corde ce rétrécissement sur deux longueurs do rails, de sorte qu'au premier joint avant l'aiguille on a 1^m,445 et 1^m,45 au deuxième joint. Cet écartement de 1^m,44 existe sur toute la longueur des lames d'aiguille, et l'on fait le raccordement de la même façon du côté du talon.

Les deux rails contre-aiguilles sont donc à 1^m,44 d'écartement vers la pointe; à l'autre extrémité l'écartement est de 1^m,593, s'établissant ainsi :

Écartement de la voie. . . . . 1^m,440
Largeur du champignon du rail de la voie principale, ... 0^m,060
Écartement entre le rail de la voie principal et le rail contre-aiguille. . . . . . . 0^m,093
———————
1^m,593

On éclisse ces rails contre-aiguilles aux deux bouts et on les cramponne sur les traverses qui ne doivent pas recevoir de coussinets; une fois en place, à l'écartement et bien dressés, on marque à la craie sur chacun d'eux la place exacte du milieu de chaque traverse; on trouve les cotes d'espacement sur la *fig*. 39. Puis on place les coussinets sur les traverses, sous la marque que l'on vient de faire qui doit se trouver, du reste, en regard des trous de boulons percés dans les rails; on boulonne et l'on cloue.

Ensuite on pose les lames d'aiguille qui sont

d'avance assemblées par leurs tringles d'écartement.
On engage l'ergot du coussinet de talon dans le trou
du patin et l'on vérifie si la pointe de la lame arrive
bien, comme cela doit être, à 0ᵐ,40 de l'extrémité
des rails contre-aiguilles.

L'intervalle entre les champignons du rail contre-aiguille et de la lame, au talon, doit être de
0ᵐ,065.

La lame s'engage dans l'entaille du patin et il
faut, pour que la dilatation s'opère librement, qu'il
y ait un espace suffisant entre sa pointe et l'extrémité de l'entaille. Il n'y a aucun inconvénient à
donner 5 à 6 centimètres de jeu.

Il ne reste qu'à fixer la tringle de manœuvre qui
se boulonne sur l'une des lames par l'extrémité
de son col de cygne; on met une goupille en
avant de l'écrou pour l'empêcher de se desserrer.

Il faut observer dans la pose de l'appareil de manœuvre que la distance entre l'extrémité du levier à
contre-poids et le rail, pour réserver le passage
libre des marchepieds des wagons, doit être au
moins de 0ᵐ,70 lorsque l'aiguille n'est pas rivée,
c'est-à-dire lorsque le contre-poids peut être tourné
pour manœuvrer l'aiguille, et de 1ᵐ,20 lorsqu'elle est
rivée, le levier du côté de la voie. (Voir *fig. 51.*) Si
l'on ne peut, faute d'espace, satisfaire à ces conditions, on place l'appareil de manœuvre parallèle-
ment à la voie au milieu d'un *retour d'équerre.*

Il est inutile d'ajouter que les rails doivent être au même niveau, les traverses bourrées avec soin, etc., etc. Il faut pour cela se reporter à ce qui a été dit à l'article *Pose de la voie*.

Le patin des lames d'aiguille est coudé vers le milieu comme on le voit indiqué (*fig.* 42). Si l'on

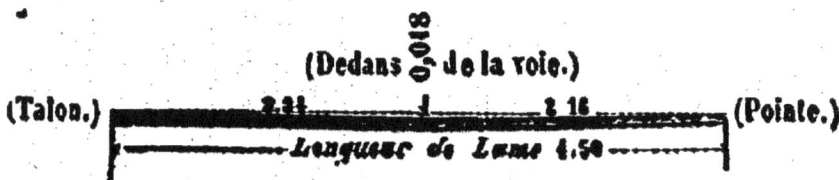

(Dedans $\frac{0.018}{}$ de la voie.)

(Talon.) ———————— 2.34 —————— 1 16 .... (Pointe.)

——————— *Longueur de Lame* 4.50 ————

Fig. 42.

Coude du patin de l'aiguille (système Vignole).

tend un cordeau du talon à la pointe, sur l'arête du patin du côté du dedans de la voie, on trouve une ligne brisée faisant un creux de $0^m,018$. Si, au contraire, on tend le cordeau sur le côté intérieur du champignon de la lame, on doit trouver une ligne droite du talon au sommet de la pointe.

Le coude indiqué au dessin est celui qui convient pour une aiguille établie sur un alignement droit. Si l'aiguille suivait la courbe, le coude dont il vient d'être parlé devrait être plus prononcé du côté du grand rayon et plus faible du côté du petit rayon. Ce qu'il faut dans tous les cas, c'est que du coude jusqu'à la pointe, l'aiguille s'applique bien sur le rail contre-aiguille, et qu'au talon l'intervalle entre les champignons soit de $0^m,065$.

Après ce qui vient d'être dit, la pose du changement de voie à double champignon indiqué *fig.* 40 n'offre aucune difficulté. Il suffit d'étudier le dessin pour comprendre ce que l'on doit faire.

Ce changement se compose des pièces suivantes :

2 lames d'aiguille rectangulaires en acier de 4ᵐ,50 de longueur, l'une à droite, l'autre à gauche ;

2 rails contre-aiguilles en acier de 5ᵐ,50 de longueur, de la forme ordinaire des rails à double champignon, percés pour le passage des boulons de coussinets ;

2 coussinets de talon marqués nº 1 CII ;

12 coussinets de glissière marqués nº 2 CII ;

32 chevillettes pour clouer les coussinets ;

3 tringles d'écartement ;

1 appareil de manœuvre ;

4 boulons A, à tête fraisée, de 85 millimètres de longeur, pour les deux coussinets de la pointe d'aiguille et les deux suivants ;

4 boulons B, de 80 millimètres de longueur, à tête de 14 millimètres d'épaisseur, pour les deux paires de coussinets suivants ;

2 boulons de calage C, de 145 millimètres de longueur, entièrement taraudés, et à 4 écrous, pour les deux coussinets suivants ;

2 boulons de calage D, de 180 millimètres de longueur, pour les coussinets qui précèdent ceux de talon ;

2 boulons F à clavette, de 115 millimètres de longueur, pour le talon de l'aiguille;

2 boulons E à clavette, de 120 millimètres de longueur, pour fixer dans les coussinets de talon les rails ordinaires qui font suite aux lames d'aiguille;

En total 16 boulons.

Les lames d'aiguille de ce système sont coudées comme celles du type Vignole. Si l'on prolonge la ligne droite qui existe sur $2^m,34$ de longueur à partir du talon, la pointe doit faire saillie de $0^m,037$ sur cet alignement (*fig.* 43.) Ce tracé donne le même coude de $0^m,018$ que celui de la *fig.* 42.

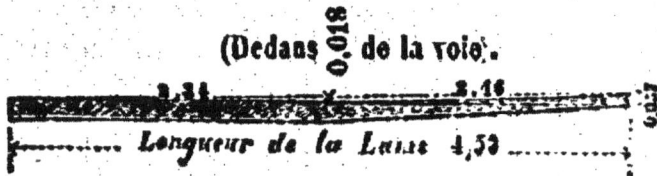

(Dedans de la voie).

FIG. 43.

Coude du patin de l'aiguille (double champignon).

L'entretien des changements de voie, outre les soins de propreté et de graissage que l'on prend tous les jours, consiste, comme pour la voie courante, dans la conservation du tracé et du niveau. Le bourrage, le relevage, le dressage, se font comme il a été dit à la pose et à l'entretien de la voie; seulement pour ces appareils il faut plus d'attention encore, afin qu'ils soient toujours tenus en parfait état.

Dans les changements de voie, on règle le ballast

au niveau du dessus des traverses pour que les coussinets-glissières soient bien dégagés, et que le sable et le gravier ne puissent en s'y déposant gêner la manœuvre de l'aiguille.

Les écrous des boulons de calage doivent être tenus constamment serrés et ils sont fréquemment visités et réglés pour que la lame d'aiguille fermée s'appuie bien sur eux. Cette dernière condition a une grande importance pour le bon fonctionnement de l'appareil au moment du passage des trains; on ne saurait donc y apporter trop d'attention.

Les écrous des boulons d'éclisses du talon de l'aiguille, dans le système Vignole, ne doivent pas être serrés à fond, ce qui rendrait l'éclissage trop rigide et par suite obligerait à déployer beaucoup de force pour la manœuvre de l'appareil. Ces boulons doivent être réglés de manière que l'aiguille ne soit pas trop dure à manœuvrer et cependant assez pour maintenir ferme l'éclissage.

Il faut veiller aussi au système d'attache du col de cygne avec la lame d'aiguille, examiner si la vis est en bon état et si la goupille qui empêche l'écrou de sortir est toujours en place.

On a fréquemment à redresser des lames d'aiguilles faussées où à souder des tringles cassées. On se reportera aux dessins pour la forme des aiguilles, notamment aux n°ˢ 42 et 43 qui indiquent la flèche du patin, et l'on se rappellera que les tringles de connexion doivent avoir une longueur telle que l'écartement de la voie soit de 1ᵐ,44.

Il faut graisser à l'huile les paliers de l'appareil de manœuvre ; le nettoyage de ces paliers et de l'axe sur lequel pivote le levier doit être fait de temps à autre ; le démontage se fait en enlevant les boulons qui fixent les chapeaux aux paliers.

L'appareil de manœuvre est posé, comme on l'a vu, sur une longrine qui se trouve au niveau des traverses. Il arrive souvent que le ballast étant plus élevé, cet appareil se trouve dans une excavation où l'eau peut séjourner ; il faut donc avoir soin de ménager un drain pour écouler ces eaux. Dans certaines gares, on a relevé le support en fonte à la hauteur convenable, au moyen d'une pièce de bois placée sur la longrine ; dans ce cas, la tringle de manœuvre doit être coudée.

CROISEMENTS DE VOIES.

Comme pour les aiguilles, il y a beaucoup de systèmes de croisements de voies ; les dessins suivants donnent les modèles qui s'appliquent avec les changements dont il vient d'être parlé.

La *fig.* 44 représente un croisement de voies en rails Vignole, modèle Réseau Exploité d'Orléans ; il correspond au changement *fig.* 39.

Cet appareil se compose des pièces suivantes :

1 pointe de cœur en acier ;

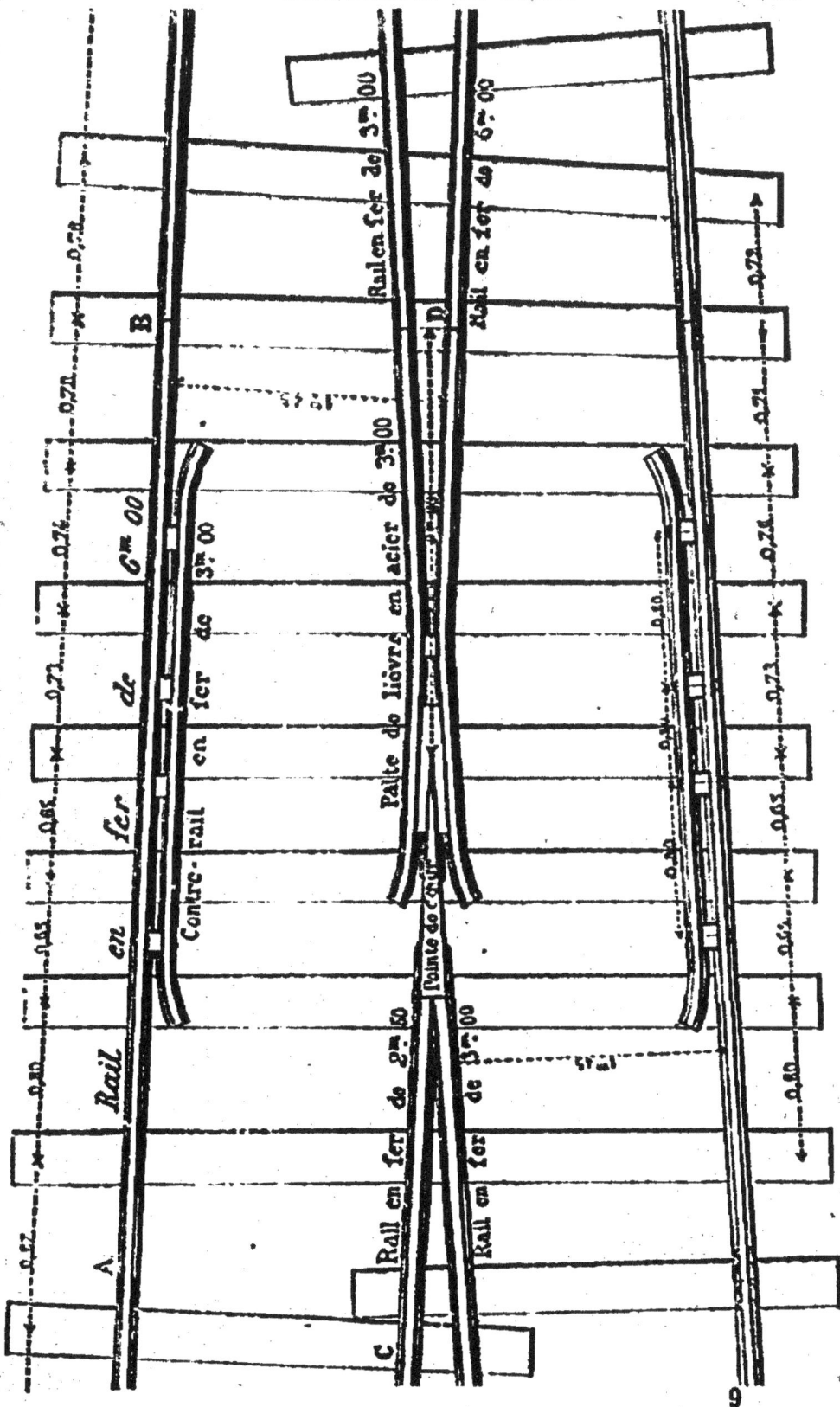

Fig. 44. — Croisement de voies en rails Vignole (modèle réseau exploité, Orléans). — Plan.

2 pattes de lièvre en acier de 3 mètres de longueur;

2 contre-rails en fer de 3 mètres de longueur;

1 entretoise en fonte pour pattes de lièvre; cette entretoise laisse un écartement de 0^m,06 entre les champignons;

4 entretoises pour contre-rails; ces entretoises qui se placent au milieu, 2 à chaque contre-rail, laissent un intervalle de 0^m,045 entre les champignons du rail et du contre-rail;

4 autres entretoises pour contre-rails; ce sont celles des extrémités qui donnent un intervalle de 0^m,055;

4 boulons d'éclisses pour le talon de la pointe de cœur;

3 boulons reliant les pattes de lièvre à la pointe de cœur;

1 boulon d'entretoise pour pattes de lièvre;

8 boulons d'entretoises pour contre-rails;

8 longrines de croisement en chêne.

Le reste du matériel à employer, rails, éclisses et leurs boulons et crampons, est conforme au modèle ordinaire; les rails doivent être percés pour le passage des boulons aux écartements que donne le dessin.

On a déjà vu, *fig.* 31, que pour poser un de ces croisements, il faut enlever dans la voie deux rails be 6 mètres. Dans le dessin n° 44, ceux que l'on a enlevés occupaient la place des rails AB et CD. Le premier est remplacé simplement par un rail ordinaire percé pour le passage des boulons d'entretoises du contre-rail.

La pose est très-simple, puisque les pièces de l'appareil s'emboîtent dans le vide qu'a produit l'enlèvement des rails.

On met d'abord en place les longrines aux espacements indiqués par le dessin. Ces longrines exigent un entaillage spécial pour chacune d'elles. La pointe de cœur, les pattes de lièvre et les contre-rails sont posés d'aplomb, tandis que les rails sont, comme partout, à l'inclinaison de $1/20^e$. Il faut donc prendre les longrines l'une après l'autre et entailler les parties qui doivent recevoir les rails. C'est un travail qui doit être très-bien fait; l'on se reportera au dessin n° 44 pour se guider, et on présentera les pièces de l'appareil avant de les clouer pour s'assurer qu'elles s'appliquent bien sur les entailles.

Il faut remarquer que les pattes de lièvre sont d'aplomb partout, excepté sur la longrine de joint où elles sont éclissées avec les rails; là elles sont inclinées au $1/20^e$.

Le milieu des contre-rails est d'équerre à la pointe de cœur; la voie a partout son écartement normal de $1^m,45$.

Les pointes de cœur, comme on l'a déjà vu, peuvent être plus ou moins effilées; pour les distinguer, on désigne leur angle. Ainsi, par exemple, on dit un croisement tangente 0,08, tangente 0,10, tangente 0,125, tangente 0,131. Celui qui est indiqué *fig.* 44 est un croisement tangente 0,10.

Voici ce qu'exprime ce chiffre : soit (*fig.* 45) une

Fig. 45.
Angle du croisement.

pointe de cœur; si l'on tend un cordeau AB et un autre CB sur chacun de ses côtés, on obtient à leur rencontre la pointe *mathématique* B du cœur, qui se trouve en avant de la pointe *réelle*, laquelle a nécessairement une certaine épaisseur. Si du point B on mesure 1 mètre sur l'une des directions, BC par exemple, et que d'équerre à BC on trouve AC, la distance entre les deux cordeaux, égale à 0ᵐ,10, c'est un croisement tangente 0,10. Si l'on trouve à 1 mètre de la pointe mathématique 0ᵐ,08 au lieu de 0ᵐ,10, on a un croisement tangente 0,08 et de même pour les autres.

Il est utile de connaître le tracé d'une patte de lièvre et d'un contre-rail afin de pouvoir en faire courber ou redresser lorsque c'est nécessaire.

Fig. 46.

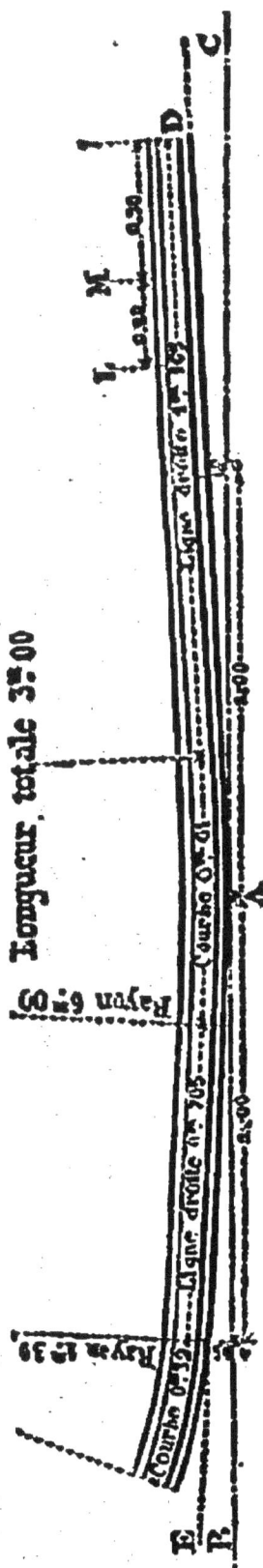

Patte de lièvre Vignole (modèle réseau exploité, Orléans).
Tangente 0.10.

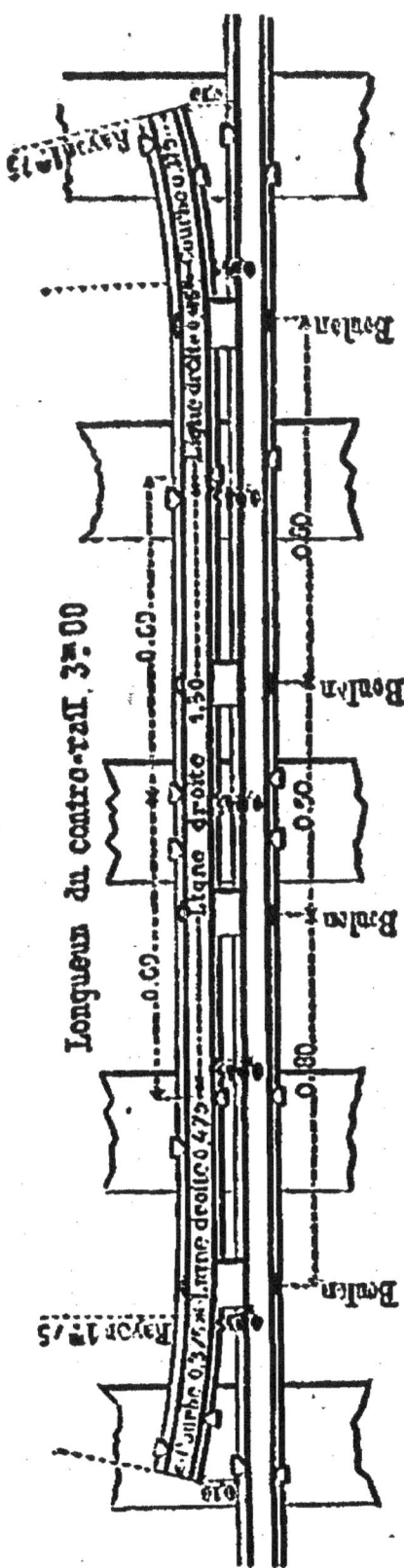

Fig. 47.

Contre-rail de croisement Vignole, tangente 10 (modèle réseau exploité, Orléans).

Avec les cotes de la *fig.* 46, il est facile de tracer une épure de grandeur naturelle sur laquelle le forgeron présente la patte de lièvre jusqu'à ce qu'elle s'applique.

On mène d'abord une ligne droite BC; on marque sur cette ligne un point A, d'où partiront les deux lignes droites AD, AE; puis à 1 mètre de part et d'autre de A, on prend d'équerre à AB et AC, la moitié de la tangente du croisement, soit $0^m,05$ pour le croisement tangente 0,10. Ces deux points ainsi marqués indiquent la direction des lignes AE et AD. La courbe de 6 mètres de rayon du milieu de la patte de lièvre a $0^m,61$ de longueur et commence par conséquent à $0^m,305$ de chaque côté du point A. La courbe de l'extrémité se trace avec un rayon de $1^m,30$.

On a vu que les pattes de lièvre étaient posées d'aplomb, sauf à leur extrémité, du côté du rail avec lequel elles sont éclissées. Il faut donc gauchir ce bout pour qu'il se présente à l'inclinaison de $1/20^e$. Cette opération se fait entre les points L et M, sur $0^m,20$ de longueur.

L'épure du contre-rail est également facile à établir (*fig.* 47). L'intervalle entre les champignons du rail et du contre-rail est de $0^m,045$ sur $0^m,05$ de longueur de part et d'autre du milieu du contre-rail; puis cet intervalle s'élargit pour arriver à $0^m,055$ à $0^m,475$ plus loin, et enfin, dans les bouts, le contre-rail se termine par une courbe de 1^m,75 de rayon qui amène l'intervalle aux extrémités à 0^m,10 de largeur entre les champignons.

On voit sur le dessin la position des entretoises et les points où doivent être percés les trous de boulons, et l'on remarque qu'à 0^m,69 de part et d'autre de l'axe du contre-rail, son patin porte une entaille destinée à laisser passer la tête d'un crampon clouant le rail sur la longrine dans le fond de l'ornière. Au surplus, la position de tous les crampons est indiquée.

On a déjà vu que le contre-rail était posé d'aplomb ; l'entaille à faire, à l'inclinaison de 1/20e sur les longrines, ne doit donc exister que pour la largeur du patin du rail.

L'entretien des croisements consiste à tenir les boulons serrés, la voie à l'écartement, et à remplacer les pièces hors de service. Il faut veiller à la conservation de l'alignement des rails qui sont dirigés sur la pointe de cœur. La vérification se fait au cordeau, en observant que le croisement doit être, autant que possible, en ligne droite, sur quelques mètres de chaque côté du cœur.

En général, les croisements en courbe sont établis sans dévers. Cependant, dans les cas où l'on ne peut l'éviter totalement, il faut le réduire au moins de moitié.

Lorsqu'on passe une règle en travers des pattes

de lièvre sur l'extrémité de la pointe de cœur du croisement Vignole, cette pointe doit être de 0^m,008 en contre-bas de la règle; à 0^m,10 de la pointe il n'y a plus que 0^m,004, et à 0^m,50 de la pointe, le cœur et les deux pattes de lièvre sont au même niveau.

Il faut tenir constamment bien bourrées les longrines de croisement et visiter souvent l'état des bois. Les longrines peuvent se réentailler comme les traverses, soit à la même place en approfondissant l'entaille, soit en les déplaçant, sans toutefois que leur saillie en dehors des rails soit moindre de 0^m,35 à 0^m,40.

Les boulons ont 0^m,025 de grosseur; les trous dans les rails sont percés à 0^m,027 de diamètre. Tous les boulons spéciaux sont à double écrou avec rondelle.

Les contre-rails s'usent rapidement, surtout lorsqu'ils sont placés sur le petit rayon d'un croisement en courbe; dans ce cas, les roues de wagons frottent énergiquement contre le champignon du contre-rail qui s'amincit; par suite, l'intervalle compris entre le rail et le contre-rail s'agrandit, et il faut alors, pour remettre les choses en état, remplacer le contre-rail.

Lorsqu'on fera couder un contre-rail, on se reportera aux cotes de la *fig. 47*; on peut, par exemple, se servir de l'ancien en le faisant retourner. Il est essentiel de suivre exactement les indications de ce dessin. Il faut comprendre, en effet, que le choc des roues de wagons peut commencer au point où l'ornière a 0",08 de largeur; si la courbure de l'extrémité était trop roide à ce point, la roue frapperait le contre-rail et serait brusquement ramenée, tandis qu'avec une courbe douce elle est guidée progressivement, sans secousse.

On peut considérer le dessin n° 47 comme un bon modèle de contre-rail.

Lorsque les pointes de cœur, ou une pièce quelconque, commencent à s'écraser, on doit enlever les bavures, s'il s'en produit. Ce travail se fait avec le burin et le marteau.

La *fig.* 48 donne le plan du croisement de voies à double champignon qui correspond au changement dont le dessin a été donné *fig.* 40, p. 134. Il se compose des pièces suivantes :

Une pointe de cœur en acier, assemblée avec ses deux branches en rails ordinaires de 1",87 de longueur ;

Deux pattes de lièvre rectangulaires en fer de 4",25 de longueur ;

Deux contre-rails en fer de 3",30 de longueur ;

Les coussinets spéciaux suivants :

N° 1 qui se pose au point où les pattes de lièvre sont le plus rapprochées; n° 2 et 3 sur lesquels sont fixées la pointe de cœur et les pattes de lièvre; n° 4 qui prend à la fois les deux branches faisant

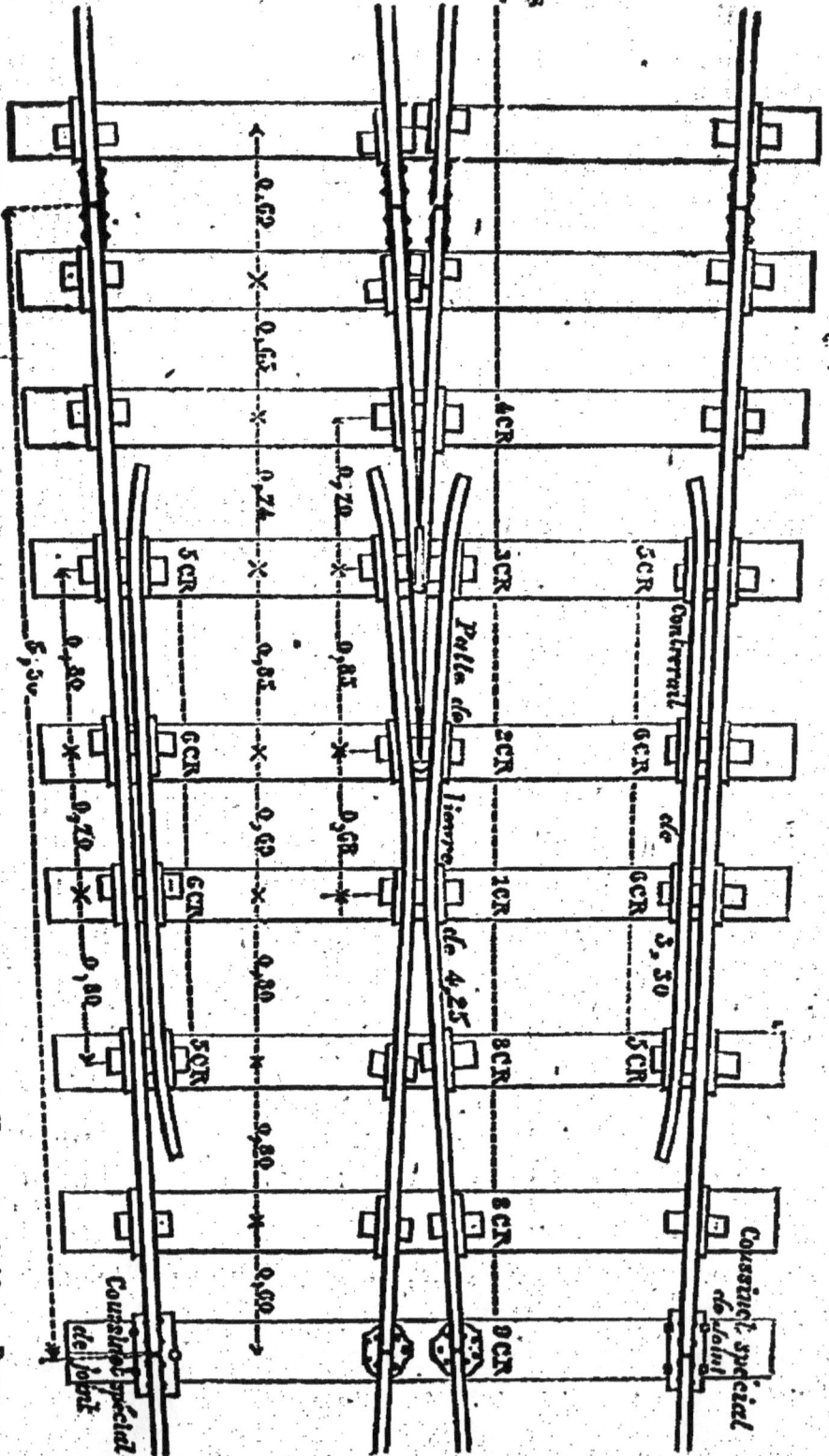

Fig. 48. — Croisement de voie à double champignon (modèle réseau exploité d'Orléans). Tangente, 0,10. — PLAN.

suite à la pointe de cœur; les n°ˢ 5 et 6 qui embrassent les contre-rails et les rails (il faut 4 coussinets n° 5, et 4, n° 6); les 4 coussinets n° 8 pour les pattes de lièvre. Dans les coussinets qui viennent d'être énumérés, les pièces sont coincées;

Les 2 coussinets n° 9 qui relient les pattes de lièvre rectangulaires avec les rails ordinaires, au moyen d'une éclisse coudée qui se pose en dedans de la voie et qui est fixée par deux boulons à l'oreille opposée du coussinet;

Le coussinet n° 7 que nous ne désignons pas, manque dans ce type; il est employé dans le croisement de voies non éclissées (ancien modèle);

Enfin, les deux joints des rails faisant face aux cousinets n° 9 sont éclissés au moyen d'un coussinet spécial de joint en fer laminé, à 4 boulons. Ce coussinet, qui est composé de deux pièces détachées, est fixé sur la longrine par trois crampons ordinaires.

Ce croisement nécessite l'emploi de 9 longrines qui sont entaillées de niveau comme les traverses ordinaires de la voie à double champignon, pour que les coussinets portent bien sur le cœur du bois.

Les pattes de lièvre présentent les courbures qu'indique la *fig. 49*. De même que pour le croisement Vignole, l'épure serait facile à faire d'après les indications de ce dessin.

Dans ce croisement, si l'on passe une règle en travers sur l'extrémité de la pointe de cœur, on doit

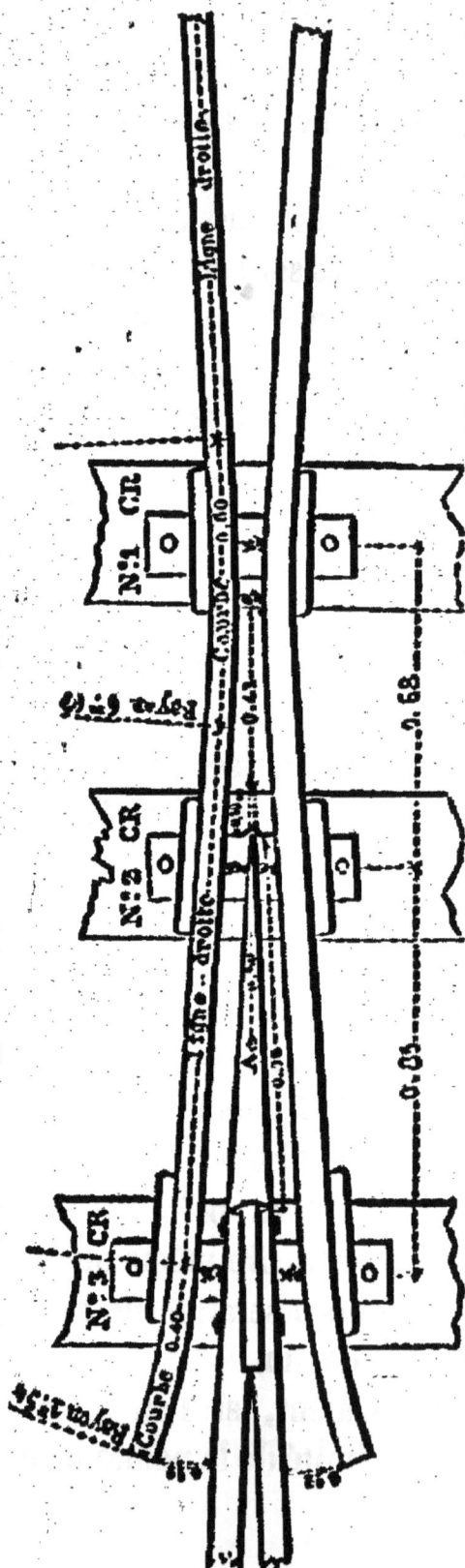

Fig. 49.

Pattes de lièvre pour croisement à double champignon (réseau exploité, Orléans).
Tangente 0,10.

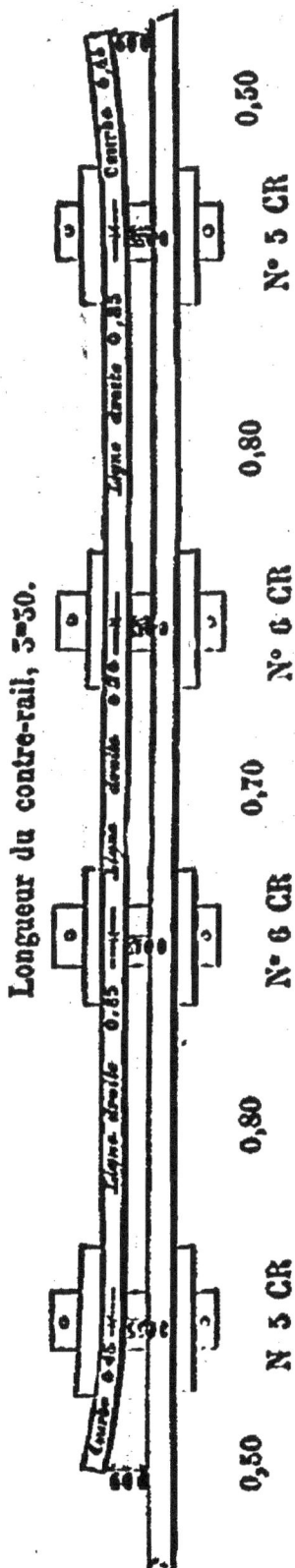

Fig. 50.

Contre-rail de croisement à double champignon (réseau exploité, Orléans).

Longueur du contre-rail, 3m50.

la trouver de $0^m,006$ plus basse que les pattes de lièvre ; le raccordement se fait sur $0^m,50$, c'est-à-dire qu'au point A de la *fig.* 49 le cœur et les pattes de lièvre sont au même niveau.

L'épure du contre-rail est indiquée par la *fig.* 50. Les coussinets donnent l'écartement qui doit exister entre le rail et le contre-rail ; la courbure de l'extrémité se fait sur $0^m,45$ de longueur.

Pour tout le reste, on consultera ce qui vient d'être dit plus haut au sujet de la pose et de l'entretien du croisement Vignole.

TRAVERSÉES DE VOIES.

La *fig.* 51 donne le plan général d'une traversée de voies tangente 0,125, modèle Vignole, Réseau Central d'Orléans. C'est un appareil qui est employé dans les bifurcations. Sa mise en place ne présente aucune difficulté quand on connaît la pose de la voie et des croisements.

L'appareil se compose de la traversée de voies proprement dite dont le détail est donné *fig.* 52 et des deux croisements qui sont établis de chaque côté à $11^m,24$ de distance des pointes de cœur de la traversée, comme on le voit sur la *fig.* 44.

Un autre type de traversée de voies en rails à double champignon, angle tangente 0,10, donne $29^m,30$ de distance entre les pointes des deux croisements, avec $1^m,20$ entre les deux pointes de cœur de la traversée et $14^m,05$ de ces pointes à la pointe des croisements.

Traversée de voies.

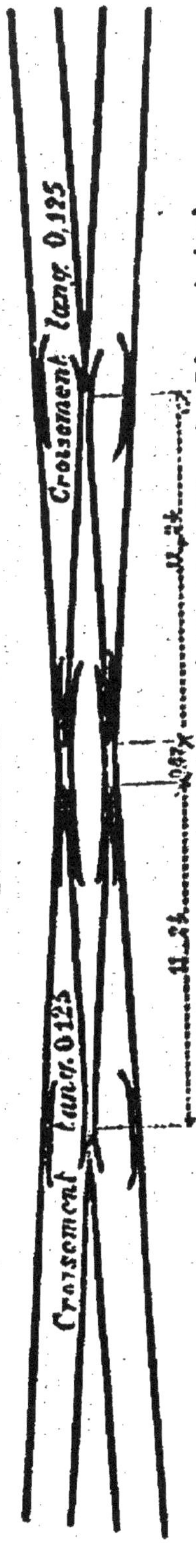

Croisement tang. 0,125

Croisement tang. 0,125

Croisement tang. 0,125

FIG. 31. — Traversée de voies, tangente, 0,125. Système Vignole. Plan général.

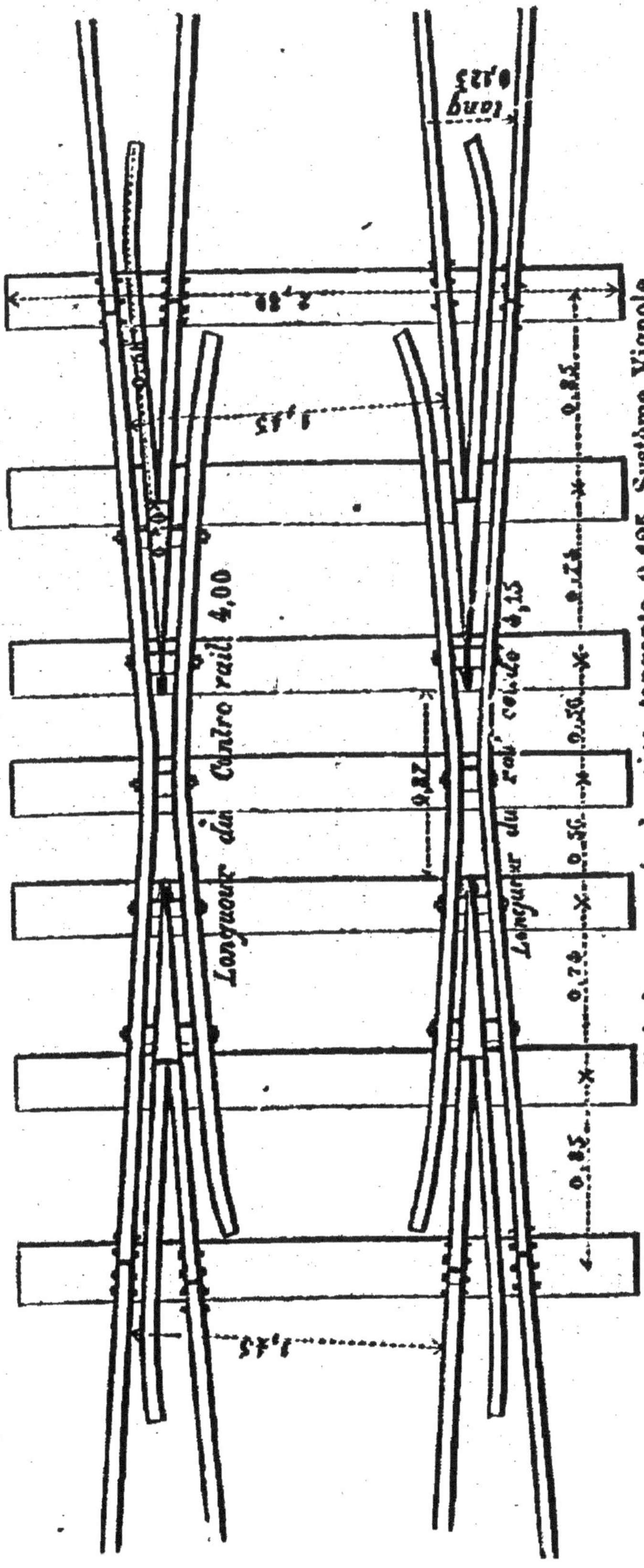

Longueur du Contre rail 4,00

Longueur du rail coudé 4,15

FIG. 52. — Détail de la traversée de voies, tangente 0,125. Système Vignole.

PLAQUES TOURNANTES.

DESCRIPTION DES PLAQUES.

On fait des plaques tournantes de différents diamètres. La plus communément employée aujourd'hui pour tourner les wagons sur le réseau d'Orléans est celle de 4^m,40. Il existe des plaques plus grandes, jusqu'à 12 mètres de diamètre, sur lesquelles on peut tourner à la fois une locomotive et son tender.

Une plaque tournante se compose, en commençant par le dessus, du *pont tournant* qui repose sur un *cercle de galets*, lequel roule lui-même sur le *cercle de roulement*. L'appareil se trouve renfermé dans une *cuve* en fonte.

Les vides du dessus de la plaque sont fermés par des *recouvrements* en fonte, en tôle ou même en bois. Lorsqu'on veut arrêter la plaque en face de l'une des voies qui y aboutissent, on engage dans une rainure pratiquée sur le dessus de la cuve une des *mains* ou *valets d'arrêt* que l'on voit figurés en A et B sur le plan (*fig.* 53).

La plaque tourne sur un *pivot* (voir la coupe, *fig.* 54) qui est recouvert par une *cloche* destinée à empêcher le sable et la poussière de pénétrer dans le godet à huile placé en tête du pivot.

Les *galets* sont reliés au centre de la plaque par des *tringles* qui se réunissent autour du *collier*.

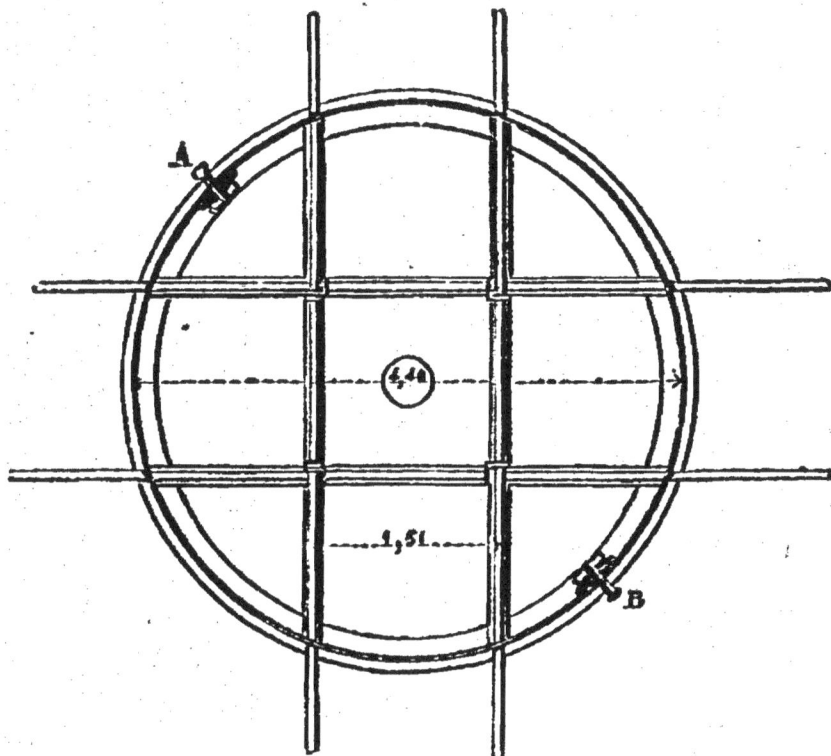

FIG. 53.

Plan d'une plaque tournante de 4ᵐ,40.

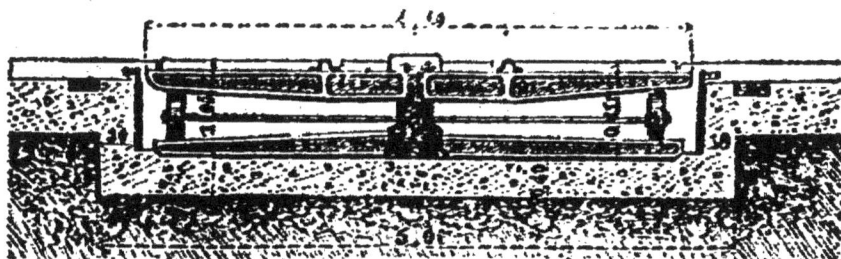

FIG. 54.
Coupe de la plaque.

L'écartement entre les galets est maintenu par une bande de fer qui va d'un galet à l'autre en faisant le cercle complet, et en se boulonnant à l'extrémité de chaque tringle.

La plaque de 4^m,40 tourne sur dix galets.

MONTAGE ET POSE DES PLAQUES.

Le montage et la pose d'une plaque tournante ne présentent d'autre difficulté que la pesanteur des pièces à porter.

Les *panneaux* de la cuve s'assemblent avec des boulons, ainsi que le cercle de galets et les tringles. Le pont, qui peut se démonter en deux parties, s'assemble de même avec des éclisses et des boulons.

La fouille pour la pose d'une plaque tournante de 4^m,40 doit avoir 5 mètres de diamètre et 1^m,05 au moins de profondeur (voir la *fig.* 54); ce qui donne un vide de 0^m,30 au pourtour de la cuve et de 0^m,40 au-dessous du cercle de roulement.

On doit s'occuper en premier lieu de l'écoulement des eaux qui pourraient séjourner dans l'excavation. Si le terrain est susceptible de les retenir, il faut pratiquer un drainage jusqu'au fossé le plus voisin ou employer tel moyen qui conviendra le mieux pour la circonstance. Cela fait, on remplit la fouille de ballast bien réglé, jusqu'à la hauteur du dessous du cercle de roulement; comme pour la voie, il vaut mieux se tenir d'abord un peu bas, car il est facile de relever et très-pénible de baisser. On monte le cercle de roulement en ayant soin de placer le pivot sur les axes des voies qui arrivent à la plaque. Au moyen du niveau à bulle d'air et de la règle, on amène à niveau tous les points de ce cercle que l'on relève et que l'on bourre comme lorsqu'il s'agit de la voie, c'est-à-dire à l'aide du levier et des battes de poseurs. Il est très-important de bourrer solidement partout afin d'éviter les tassements.

On assemble ensuite le cercle de galets, puis la cuve qui doit être bourrée également avec du ballast. Il ne reste alors qu'à mettre le pont tournant en place et, si tout est bien posé, il doit aller librement en laissant $0^m,01$ de jeu entre la cuve et lui.

Pour soulever et faire avancer les pièces qui composent une plaque tournante, on emploie les crics; on les fait aussi glisser sur des rails en pente, ou sur des rouleaux en bois; quand la plaque est dans la fosse, on la conduit à sa place exacte avec des pinces à riper.

Les rails qui aboutissent aux plaques s'engagent dans une entaille pratiquée sur le pourtour de la cuve; on relève sur place la coupe biaise qu'il convient de faire pour ce raccordement et l'on a soin de laisser un joint suffisant pour que le roulement de la plaque s'opère sans difficulté; dans le même but, les joints des rails voisins sont laissés assez grands pour que, par l'effet de la dilatation, les rails de raccord ne soient pas repoussés vers la plaque.

ENTRETIEN DES PLAQUES.

L'entretien des plaques tournantes consiste principalement dans le nettoyage et le graissage qui doivent être faits très-fréquemment pour que le mouvement soit facile. D'habitude cet entretien se fait
toutes les semaines. Il consiste à frotter le cercle de
roulement avec des chiffons gras et à huiler les axes
des galets et le pivot. De temps en temps on dé-
monte le pivot lui-même et on le retire pour le
nettoyer. Il suffit, pour l'enlever, de sortir les écrous
des boulons que l'on découvre en enlevant la cloche
de pivot.

On retire à chaque fois le sable et la poussière
qui tombent à l'intérieur de la plaque, particulière-
ment entre la cuve et le cercle de roulement, et l'on
balaye partout.

Il faut veiller également à la conservation du niveau, non-seulement sur la plaque, mais aux abords
et dans le sens de la longueur des voies qui y aboutissent. Lorsqu'on reconnaît avec le niveau à bulle
d'air que la plaque a tassé, on la relève et on la
bourre comme il a été dit plus haut pour la pose.
Ces soins ont une grande importance, car les ma-
nœuvres de wagons se faisant ordinairement à bras
sur les plaques, deviendraient pénibles si les rails
n'étaient pas parfaitement horizontaux.

Il ne faut pas chercher à consolider une plaque en

faisant reposer son cercle de roulement sur un cadre en bois ou sur des moellons, parce qu'alors on ne pourrait plus relever pour corriger les imperfections qu'amènent nécessairement le temps et le passage des trains ; le bon ballast bien également bourré et bien assaini est seul nécessaire. Si le ballast dont on dispose n'est pas parfait, on le passe à la claie, on le casse à nouveau, etc., jusqu'à ce qu'il soit irréprochable.

Il faut éviter par-dessus tout les points d'appui inégalement résistants qui amènent la rupture des pièces en fonte du bâti de la plaque, de même qu'il faut bien se garder de la faire trop porter sur son pivot, mais plutôt sur le cercle de galets.

TERRASSEMENTS.

ÉCOULEMENT DES EAUX.

La condition première d'un bon entretien sur les chemins de fer est la facilité d'écoulement des eaux. Il faut que tous les cours d'eau trouvent partout un libre passage et que les eaux de pluies disparaissent le plus promptement possible, soit qu'elles se perdent dans les remblais, soit qu'elles s'en aillent par le plus court chemin jusqu'aux fossés destinés à les recevoir.

Dans les profils en travers (*fig.* 10 et 11, p. 27 et 28), on a vu comment sont disposées les pentes qui permettent aux eaux de s'écouler. La plate-forme des terrassements présente en son milieu un bombement de 0^m,10 sur les chemins à deux voies et de 0^m,06 sur les chemins à une voie. Le fossé a 0^m,40 de profondeur au-dessous du point le plus bas de la plate-forme.

Comme on l'a vu dans tout ce qui précède, la question de l'écoulement des eaux a partout une grande importance; aussi c'est pendant les fortes pluies qu'il faut aller se rendre compte de la manière dont fonctionnent les fossés et les aqueducs; on note alors les points où les eaux ne s'écoulent pas assez vite et ceux où elles séjournent, afin, quand le temps est redevenu sec, de faire les petits travaux nécessaires.

C'est aussi afin de faciliter l'écoulement des eaux qu'on doit arracher les herbes qui croissent dans les fossés, sur les banquettes, ainsi qu'à la surface du ballast.

DRESSAGE DES BANQUETTES.

L'entretien des terrassements par les équipes de poseurs se borne le plus souvent au curage des fossés et au dressement de la partie visible de la plate-forme que l'on appelle la banquette et qui est comprise entre le pied du talus de ballast et l'arête du fossé ou du remblai.

Le profil en travers (*fig.* 55) qui indique le sur-

FIG. 55.

Profil en travers d'un chemin à une voie indiquant le dévers en courbe.

haussement du rail du grand rayon dans une

courbe, fait voir que les banquettes doivent être
dressées dans les courbes par rapport au rail du
petit rayon.

Quand on veut dresser la banquette, il faut d'a-
bord *donner des points* aux terrassiers, de distance
en distance. Pour cela on applique la règle sur le
rail comme on le voit représenté *fig.* 56. La règle

Fig. 56.
Dressage des banquettes.

étant amenée horizontale au moyen du niveau de
poseur, on mesure les hauteurs de $0^m,55$ au bord
du fossé ou du talus, et de $0^m,535$ au pied du talus
de ballast, c'est-à-dire que sur la largeur de la banquette on donne une pente de $0^m,015$. Si le terrassement est trop bas, on apporte une pelletée de terre
pour former au-dessous de la règle une petite bande
bien dressée à la hauteur voulue ; si au contraire le
terrassement est trop haut, on fait à la pioche une
trace de 10 à 20 centimètres de largeur.

On répète la même opération en face de tous les
joints de rails, plus souvent si c'est nécessaire, et
l'on fait ensuite le dressement à la pioche et à la
pelle entre les points donnés en relevant les terres
en trop ou en remblayant les parties basses.

On remarquera que les cotes de 0^m,55 et de 0^m,535 indiquées *fig.* 56 s'appliquent aux chemins de fer à deux voies ; on trouve en effet, *fig.* 55, que sur les chemins à une voie, il faut dresser les banquettes à 0^m,53 et 0^m,515 au-dessous du rail. Dans les deux cas, on donne 0^m,015 de pente, ce qui correspond à 0^m,02 environ par mètre. Si la banquette était plus large qu'il n'est indiqué sur les profils, on la réglerait alors à raison de 0^m,02 de pente par mètre.

DRESSAGE DES TALUS.

Dans le profil en travers ci-dessus (*fig.* 55), on voit représentés, d'un côté le talus d'une tranchée, de l'autre un talus en remblai.

D'habitude, les talus de déblai, dans les terrains ordinaires, sont dressés à une inclinaison de 1 de base pour 1 de hauteur. C'est ce qu'on appelle le *talus à 1 pour 1* ou à 45 degrés. Cette inclinaison s'obtient en mesurant, par exemple, un mètre *verticalement,* un mètre *horizontalement,* et en traçant le talus que donnent ces deux lignes.

Pour dresser un talus, on se sert d'un gabarit semblable à celui qui est représenté *fig.* 57. Ce gabarit est formé simplement de trois lattes clouées ensemble. Deux des branches forment l'angle droit et, pour obtenir le talus de 1 pour 1, elles doivent être de même longueur, de 0^m,80, par exemple.

On met le gabarit à l'inclinaison en le présentant

sur le talus de manière que l'une des branches de
l'angle droit soit d'aplomb; les terrassiers *taluteurs*
font un fil à plomb avec une ficelle et une pierre ;
les poseurs qui possèdent un niveau à bulle d'air
peuvent arriver au même résultat en mettant de
niveau l'autre branche de l'angle droit.

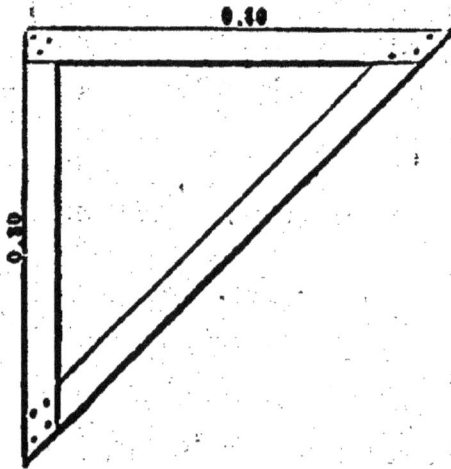

FIG. 57.
Gabarit de talus à 1 pour 1.

Pour dresser un talus, on commence par tracer
au cordeau l'arête supérieure; on la nivelle très-
régulièrement, puis de distance en distance, tous
les 10 mètres au moins, on descend à la pioche, avec
le gabarit, des *cheminées* de 0^m,10 à 0^m,20 de largeur. Il faut avoir soin de conduire ces cheminées
d'équerre au talus et non en biais. On recoupe ensuite et l'on dresse les portions de talus comprises
entre les cheminées en se guidant sur ces dernières.

Les talus de déblai dans le rocher sont tenus
plus roides que 1 pour 1, et lorsque les tranchées

sont creusées dans de mauvais terrains, les talus sont au contraire moins inclinés.

En remblai, l'inclinaison ordinaire du talus est 1 1/2 de base pour de 1 hauteur; c'est par conséquent plus doux que 1 pour 1. Si l'on a un gabarit à faire pour le dressement des talus de remblai à cette inclinaison, on peut lui donner les dimensions de 0^m,80 sur 1^m,20.

ÉBOULEMENTS.

Les poseurs sont appelés aussi quelquefois à relever des éboulements et souvent, pour rétablir la circulation des trains, il est nécessaire d'y procéder immédiatement. Ce qu'il faut observer dans ce cas, c'est de n'attaquer les éboulements qu'avec les plus grandes précautions. Lorsque les terres ou les roches présentent des plans de glissement inclinés vers la voie, on risque, en les coupant par le pied, de faire descendre des masses considérables et de déterminer des accidents. Avant de commencer le déblai, on doit chercher à se rendre bien compte de l'éboulement, des causes qui l'ont produit, et en réfléchissant, on évitera de commettre des imprudences qui peuvent avoir quelquefois de très-fâcheux résultats.

Il est bon de se rappeler que la plupart des éboulements sont causés par les eaux. Dans ce cas, il faut examiner d'abord s'il est possible de les détourner.

ÉTAIS, BOISAGES.

On prévient et l'on arrête quelquefois un éboulement en étayant les blocs ou les masses qui menacent de se détacher.

Pour poser un *étai*, on fait d'abord dans le sol une petite fouille, inclinée comme on le voit sur le dessin, *fig.* 58 ; on place au fond de cette fouille une

Fig. 58.
Étai sous un bloc.

semelle en bois de 0^m,08 à 0^m,10 d'épaisseur; on

mesure très-exactement la longueur qu'il faut donner à l'étai entre cette semelle et le bloc à soutenir ; on pose la pièce de bois, coupée à la longueur
voulue, et on la serre par le pied avec un *coin* que
l'on engage sous l'étai et que l'on chasse fortement
au marteau. Le coin que l'on fait à la hache, en bois
dur, doit avoir au moins en largeur la dimension de
l'étai ; pour qu'il aille bien, il faut lui donner peu
d'inclinaison : on le taille, par exemple, pour $0^m,30$
à $0^m,40$ de longueur, à $0^m,03$ d'épaisseur d'un bout
et $0^m,05$ de l'autre ; lorsqu'il est serré, on l'arrête
avec deux ou trois fortes pointes.

On reconnaît que les étais portent bien lorsqu'en
rappant dessus et en les touchant avec la main, on
sent le bois vibrer sous le coup de marteau.

Les *boisages* que l'on peut avoir à établir pour
soutenir des terres diffèrent nécessairement suivant
les cas. Voici un type qui pourra servir de guide au
besoin.

On suppose, dans les *fig.* 59 et 60, qu'il s'agit de
soutenir provisoirement un remblai, au moyen d'un
boisage, pour l'exécution, par exemple, des fouilles
d'un mur de soutenement.

La prudence exige, en pareil cas, de n'attaquer les
fouilles que par faibles portions, d'autant plus petites que le terrain est plus susceptible de s'ébouler.
Le boisage des *fig.* 59 et 60 a 4 mètres environ
de longueur pour une hauteur de fouille de 3 à
4 mètres à soutenir, ce qui suppose un bon terrain.

10.

Boisage d'une fouille dans un remblai.

Fig. 59. — Coupe.

Fig. 60.—Élévation.

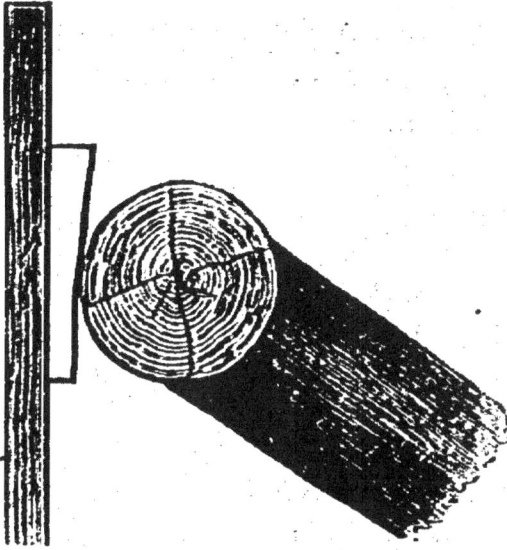

Fig. 61. — Détails.

On commence les déblais par en haut; lorsqu'on est arrivé à la profondeur de 1 mètre, plus ou moins, selon que le terrain est solide ou non, on pose la *longrine* supérieure avec ses *contre-fiches* qui sont engagées dans le sol et coincées par le pied comme l'étai de la *fig.* 58.

Le dessin indique des bois en *grume* et l'on voit, *fig.* 61, qu'il faut, dans ce cas, entailler l'extrémité supérieure de la contre-fiche de façon qu'elle embrasse bien la longrine ; cette coupe, qui se fait à la scie, se nomme une *gueule de loup.*

Entre la longrine et le terrain on *blinde* avec des *madriers*, que l'on descend à coups de masse, au fur et à mesure de l'approfondissement de la fouille. Lorsque ces madriers sont descendus autant que leur longueur le permet, on pose la seconde longrine, ses contre-fiches, et ensuite de nouveaux madriers que

l'on chasse en descendant comme les précédents ;
on arrive ainsi au fond de la fouille en soutenant
toujours le terrain.

On pose les madriers aussi rapprochés que la
nature des terres l'exige ; dans du sable, par exemple,
il les faudrait jointifs. On les serre avec des coins qui
sont enfoncés entre eux et la longrine, comme on le
voit sur la *fig.* 61.

Dans ce genre de boisage, il faut remarquer que
les contre-fiches tendent à faire remonter la longrine.
C'est un danger contre lequel il est nécessaire de se
parer en engageant les longrines dans le terrain de
chaque côté (voir *fig.* 60) et en les coinçant solidement par-dessus.

S'il se produit des éboulements qui déterminent
des poches derrière les *madriers de blindage,* on les
remplit avec des fagots.

EMPIERREMENTS ET PAVAGES.

CHAUSSÉES D'EMPIERREMENT.

Les chemins d'accès aux gares, les cours, les quais, etc., sont généralement empierrés. L'épaisseur de la couche d'empierrement varie de 0^m,15 à 0^m,25 ; la pierre doit être cassée à 0^m,06 de grosseur ; on la purge de terre et de toutes autres matières nuisibles, soit au moyen du râteau après le cassage, soit par le passage à la claie.

Avant de procéder au répandage des matériaux, on prépare la forme suivant les pentes indiquées, de manière à donner un écoulement aux eaux dans le sens convenable.

Ainsi, les cours des gares présentent ordinairement une pente allant des quais ou des bâtiments vers les fossés ; les chemins sont bombés dans leur milieu au 1/50e de leur largeur de chaussée. Par exemple, pour 4 mètres de largeur d'empierrement, le bombement est de 0^m,08. On prolonge la pente sur l'accotement jusqu'au fossé.

Quand la forme est réglée et damée, on fait le répandage de la pierre cassée et l'on dresse le dessus de l'empierrement avec le râteau suivant l'inclinaison ou le bombement voulu.

L'entretien des empierrements consiste à *enlever la*

boue et la poussière, et à *remplir les flaches* avec des matériaux neufs.

La boue s'enlève avec le *racloir* ou *rouable*, en ayant soin d'éviter autant que possible, avec cet outil, de désagréger l'empierrement ; dans le même but, pour enlever la poussière, il faut se servir d'un balai de bouleau ou de genêt à brins longs et souples.

Le remplissage des flaches ne doit se faire que sur des parties parfaitement ébouées. On pique légèrement le contour de la flache, quelquefois tout le fond, et l'on y place la pierre cassée soigneusement, en ramenant les plus gros matériaux vers le centre et les plus petits vers les bords ; puis on pilonne le tout.

L'emploi de la pierre doit se faire par un temps humide, autant que possible après les pluies.

On surveille avec attention les emplois récemment faits ; on ramène à leur place les pierres qui sont dérangées par les voitures et on les pilonne de nouveau jusqu'à ce que la prise soit parfaite.

Il faut éviter de faire des emplois trop étendus ; on doit procéder par petites surfaces que l'on dispose de préférence en travers de la route, et en alternant autant qu'on le peut d'un côté sur l'autre, pour que les voitures ne puissent éviter de passer dessus. On ne doit jamais faire d'emploi dans le sens de la longueur de la route.

PAVAGES.

L'entretien de la voie sur les passages à niveau

oblige de démolir les pavages et de les rétablir ensuite. Les pavés employés pour ce travail ont ordinairement $0^m,15$ d'épaisseur. Dans toute l'étendue du pavage, le ballast doit être remplacé, sur toute sa hauteur, par du sable passé à la claie et débarrassé de tous les cailloux et graviers.

Lorsque la couche de sable est mise en place, on la tasse soigneusement et on l'arrose à grande eau, puis on pose les pavés par rangées perpendiculaires aux rails et on les bat à la *hie* jusqu'à tassement complet en remplissant bien les joints.

Le pavage terminé, on répand sur la surface une couche de sable de $0^m,03$ d'épaisseur ; on l'arrose et l'on fait entrer le sable dans les joints.

Lorsqu'il se présente des flaches dans les pavages, on peut les réparer par le *soufflage*, qui consiste à soulever avec deux petites pinces les pavés à relever et à faire glisser dessous, par les joints, le sable nécessaire.

On empierre simplement aussi les passages à niveau ; l'empierrement, dans ce cas, se fait comme il a été dit plus haut.

HAIES VIVES.

Pour la plantation des haies vives qui clôturent les lignes de chemins de fer, le terrain destiné à recevoir les plants est défoncé sur une profondeur de 0^m,50 à 0^m,60 et sur une largeur de 1^m,20 ; la terre est bien ameublie, retournée et purgée de pierres et de racines.

La plantation se fait du 1er octobre à la fin de mars, sauf pendant les temps de gelée ; les plants sont placés sur deux rangs et espacés de 0^m,15 environ, de sorte qu'il entre 14 plants par mètre courant.

On fait ordinairement la mise en terre en ouvrant une petite rigole de 0^m,15 de profondeur, dans laquelle on met les plants que l'on recouvre de terre, en pressant les racines sans contrarier leur direction naturelle. L'usage de la *cheville* ou du *plantoir* est défendu.

Les plants, qui doivent provenir de pépinières, sont coupés en bec de flûte, à 7 ou 8 centimètres au-dessus du collet des racines ; on rafraîchit jusqu'au vif celles qui sont endommagées.

Lorsqu'une partie de la haie languit par suite de la mauvaise qualité du sol, il faut améliorer le terrain en le travaillant et en y rapportant de la bonne terre.

Les binages s'exécutent au mois de mars et peudant l'été. On les fait sur 1ᵐ,20 de largeur et sur 0ᵐ,05 à 0ᵐ,06 de profondeur, de manière à ameublir le sol en détruisant les mauvaises herbes, mais en prenant garde d'endommager la racine des plants. Le binage se fait avec la *houe fourchue*, la *binette* ou le *trident*.

Pendant les premières années on remplace, à l'époque convenable, de préférence en automne, les sujets morts ou mal venant ; on recèpe et l'on rafraîchit avec le sécateur ceux qui en ont besoin ; on dirige les branches vigoureuses et l'on épile celles qui sont mortes, de façon à garnir le pied de la haie.

Chaque année, avec les *ciseaux à tondre* et le *croissant*, on taille les haies au sommet et sur les deux faces latérales, en prolongeant successivement la bonne venue des branches en hauteur et en largeur. Le croissant sert à tailler les côtés et à les débarrasser des ronces et des mauvaises herbes ; les ciseaux à tondre s'emploient pour régulariser le dessus.

Il paraît préférable de faire ces coupes pendant l'hiver, lorsque la végétation est arrêtée, parce qu'alors on épuise moins les plants.

Les dimensions des haies sont variables suivant les lignes. Souvent leur largeur est fixée à 0ᵐ,45 ; mais, sur certains chemins, on leur a donné jusqu'à 1ᵐ,25 de hauteur et 0ᵐ,80 d'épaisseur.

Quand les haies vieillissent et commencent à dé-

périr, on les rajeunit en les coupant à quelques centimètres du sol à la fin de l'hiver. L'été suivant, il
pousse des bourgeons avec lesquels on forme une
nouvelle haie. Ce rajeunissement peut être répété
plusieurs fois de suite.

OUVRAGES D'ART.

L'entretien des ouvrages d'art est fait par des ouvriers spéciaux et suivant les règles de la construction qu'il serait impossible de donner, même brièvement, dans un ouvrage qui n'a pour objectif que le travail des poseurs. Seulement, ces agents ont souvent à faire part à leurs chefs de leurs observations sur l'état des ouvrages de toute nature qu'un chemin de fer nécessite, et il est utile pour eux de connaître au moins les désignations les plus importantes.

Les *ouvrages d'art* comprennent tous les travaux en maçonnerie, en charpente et en métal.

On désigne ordinairement sous le nom de *viaducs* les grands ouvrages à plusieurs *arches* et les grands ponts métalliques à plusieurs *travées*. Dans un viaduc, les arches et les travées intermédiaires reposent sur des *piles*, les arches et les travées des extrémités reposent, d'un côté sur une pile, de l'autre sur la *culée*.

Les *ponts* sont les ouvrages à une seule arche ou à une seule travée pour routes et cours d'eau. On distingue les *ponts par-dessus* le chemin de fer ou *passages supérieurs*, et les *ponts par-dessous* ou *passages inférieurs*.

On appelle *ponceaux* les petits ponts qui ont moins de 4 mètres d'ouverture, et *aqueducs* les ouvrages de 1 mètre et au-dessous établis pour le passage des ruisseaux.

Un petit aqueduc non voûté, mais simplement recouvert de dalles, se nomme *dalot*.

Une *buse* est un tuyau en fonte ou en béton-ciment destiné à l'écoulement des eaux.

Dans les ponceaux, aqueducs et dalots, les culées prennent le nom de *pieds-droits*.

La maçonnerie du fond d'une rivière ou d'un cours d'eau quelconque sous un pont, ponceau ou aqueduc, s'appelle *radier*.

Les deux faces d'un pont se nomment les *têtes*. La maçonnerie, le plus souvent en *pierres taillées*, qui forme les angles de la voûte, s'appelle le *bandeau* ou l'*archivolte*. Les murs qui s'élèvent au-dessus de l'archivolte se nomment *tympans*; les tympans sont couronnés par la *plinthe* ou *couronnement*. Au-dessus de la plinthe, il peut y avoir un *garde-corps* en fer ou en fonte ou un *parapet*. Le couronnement du parapet, lorsqu'il est en pierre de taille, s'appelle le *bahut*, et l'on nomme *dés* les extrémités du parapet lorsqu'ils sont en pierre taillée, et ordinairement d'un seul morceau.

La *chape* est le revêtement en béton, en mortier, en ciment ou en asphalte qui recouvre les maçonneries des voûtes.

Lorsque la tête d'un pont présente un parement

en ligne droite, les murs qui existent de part et d'autre des culées s'appellent *murs en retour*. Lorsque les murs suivent la direction du chemin ou du cours d'eau qui passe sous le pont, on les appelle *murs en aile*. Ces derniers sont inclinés comme les talus; leurs couronnements se nomment les *rampants* des murs en aile.

Dans les ouvrages métalliques, on appelle *travée* la portion de pont qui va d'une pile ou d'une culée sur l'autre. Les *poutres* vont également d'une pile à l'autre, et l'on appelle *poutres principales* celles qui soutiennent la voie ou qui forment la partie principale de l'ouvrage; les *poutres de rive*, quand il y en a, sont sur les côtés du pont; les *entretoises* sont des pièces qui relient les poutres entre elles dans le sens transversal.

Dans un *tunnel* comme dans un pont, il y a les *têtes*, la *voûte* et les *pieds-droits*.

GABARIT DE CHARGEMENT.

Les *gabarits de chargement* établis dans les stations indiquent le profil sur lequel le matériel roulant ne doit dans aucun cas faire saillie. On fait passer sous ces gabarits les wagons chargés ; une sonnette placée sur le côté avertit quand ils ont touché.

Il faut de temps en temps visiter les gabarits et, quand ils sont faussés, les remettre aux dimensions données par la *fig.* 62.

L'écartement entre les tringles verticales est de 3^m,20 ; la hauteur totale au-dessus des rails est de 4^m,40.

L'axe du gabarit doit correspondre avec le milieu de la voie. C'est la première vérification qu'on doit faire, en suspendant un fil à plomb en haut du gabarit, au milieu de la tringle horizontale ; ce fil à plomb doit passer à égale distance des tringles, c'est-à-dire à 1^m,60 de l'une et de l'autre et arriver à l'axe de la voie, soit à 0^m,725 du bord intérieur des champignons des rails.

Sous les gabarits, les deu rails de la voie doivent être parfaitement de niveau.

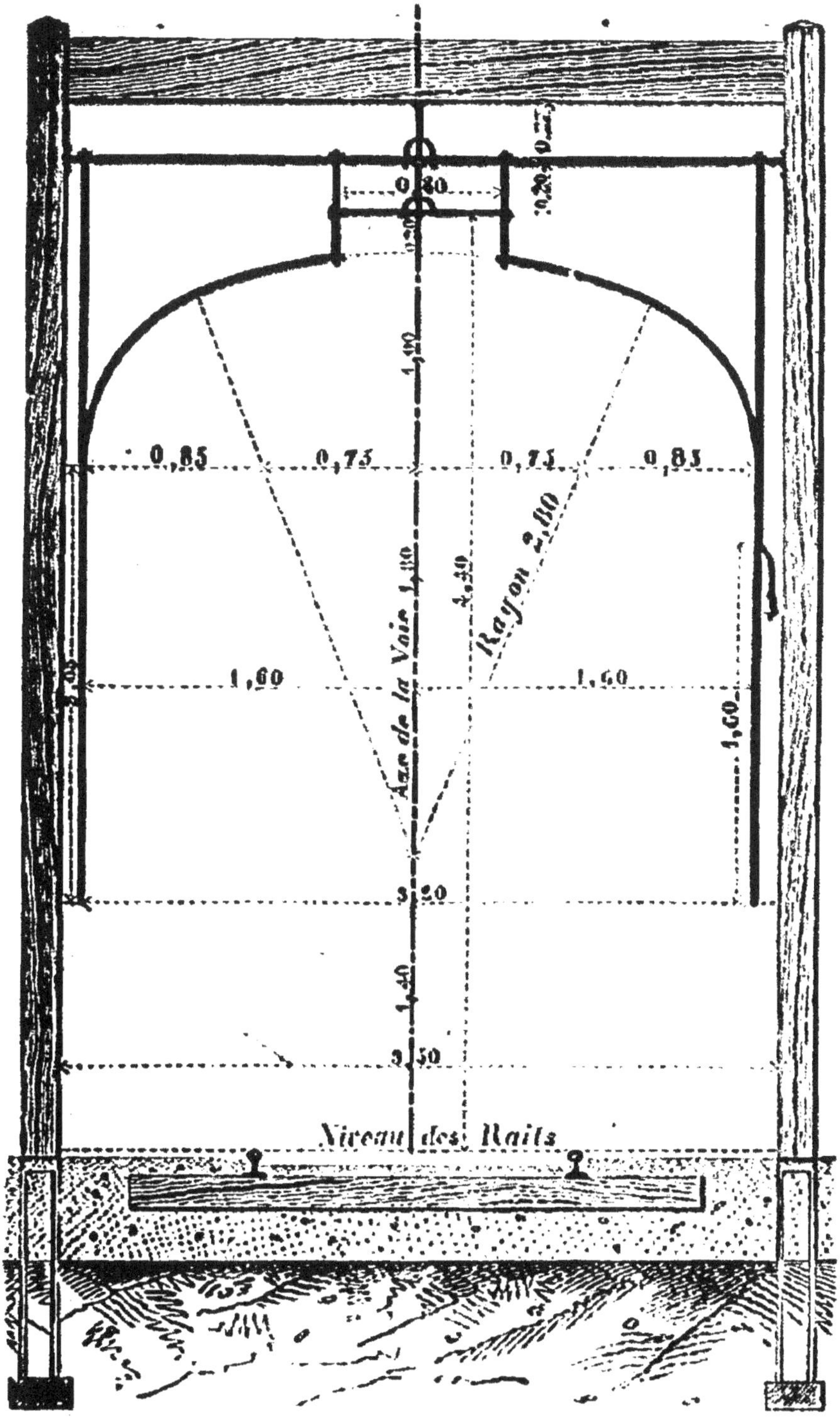

Fig. 62.
Gabarit de chargement.

WAGONS.

On trouvera dans ce chapitre les noms par lesquels on désigne les pièces principales d'un wagon. Les agents du service de la voie en ont souvent besoin, notamment lorsqu'ils sont appelés à constater des avaries de matériel.

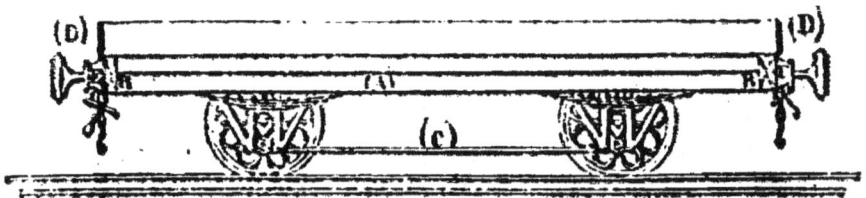

Fig. 63.

Élévation d'un wagon plate-forme.

La *caisse* d'un wagon comprend, quelle que soit la nature du véhicule, voyageurs ou marchandises, toute la partie haute ; elle repose sur le *châssis* dont le cadre est formé des deux *brancards* ou *longerons* (A, *fig.* 63) et des *traverses de tête* (B). Les *traverses intermédiaires* vont d'un brancard à l'autre et le tout se trouve consolidé par une *croix de Saint-André*.

Le *plancher* est cloué sur les traverses.

Les *roues* de wagons sont fixées ou calées sur l'*essieu* dont les extrémités, d'un plus petit diamètre, appelées les *fusées* (F, *fig.* 64), tournent dans les *boîtes à graisse* qui sont suspendues aux ressorts par un *étrier* ou *bride de suspension*.

Les *ressorts de suspension* ont leurs extrémités engagées dans des *supports* ou *patins* qui sont fixés aux brancards.

Les ferrures en forme de V qui entourent la boîte à graisse se nomment les *plaques de garde* ; elles sont reliées entre elles par les *entretoises* des plaques de garde, et d'une roue à l'autre, par les *barres d'écartement* des plaques de garde (C, *fig.* 63). Cette dernière pièce, cependant, n'existe pas dans tous les types de wagons.

Les roues de wagons sont cerclées par un *bandage* dont le rebord intérieur se nomme *boudin* ou *mentonnet*. Comme dans les roues ordinaires, il y a le *moyeu*, les *rayons* et la *jante*.

Les *tampons à ressort* (D) ont leurs tiges engagées dans les *boisseaux* que l'on appelle aussi *faux tampons* (E), pièces en fonte boulonnées sur les traverses de tête. Ces tiges s'appuient sur les extrémités d'un ressort à peu près semblable au ressort de suspension, et qui se trouve placé sous le plancher du wagon, entre les deux brancards. Le *crochet de traction* est fixé au milieu de ces ressorts que l'on appelle pour cela *ressorts de choc et de traction*. La tige du crochet de traction porte également le *tendeur*. L'attelage des wagons se fait avec le tendeur de l'un d'eux et le crochet de l'autre et il est complété

11.

par les *chaînes de sûreté* qui sont placées sur la traverse de tête entre le tampon et le crochet de traction.

On appelle wagons à tampons secs ceux qui, comme les wagons à ballast, n'ont pas de tampons à ressort; les *tampons secs* sont simplement les bouts des brancards.

On a vu, au chapitre POSE DE LA VOIE, que les rails étaient inclinés de 1/20° vers l'intérieur. Les roues de wagons ont, comme les rails, leurs bandages inclinés au 1/20°.

La *fig.* 64 représente un essieu et ses deux roues.

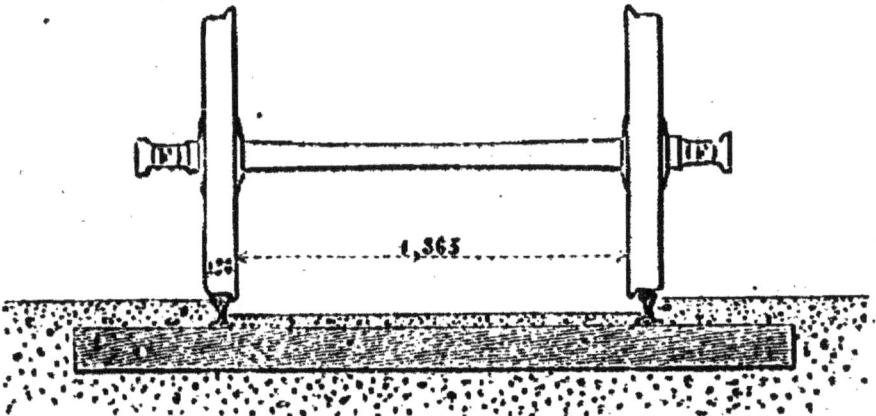

FIG. 64.

Roues de wagons (Orléans).

L'écartement des roues, mesuré à l'intérieur des bandages, doit être de 1ᵐ,365. La largeur des bandages est de 0ᵐ,128.

Ces dimensions peuvent être utiles à retenir, dans le cas, par exemple, où, après un déraillement, on veut s'assurer de l'état des wagons.

Les essieux des wagons ordinaires à marchandises ne portent jamais plus de 8 tonnes, c'est-à-dire qu'il y a 4 tonnes sur le rail au contact de chaque roue. On peut compter 12 tonnes par essieu de machine, soit 6 tonnes par roue.

Ainsi, la machine de la Compagnie d'Orléans n° 1200, le *Cantal* qui a dix roues, pèse environ 60.000 kilogrammes. Les essieux sont espacés de 1^m,14. C'est le poids le plus lourd, quant à présent, que les voies aient à supporter sur ce réseau.

VITESSE DES TRAINS.

La vitesse des trains, comme on le sait, est très-variable, suivant les rampes qu'ils ont à franchir, les poids qu'ils remorquent, etc. Ainsi, sur les rampes de 30 millièmes du Cantal, la vitesse de certains trains de marchandises à la montée est calculée pour 12 kilomètres à l'heure. Sur la ligne de Paris à Bordeaux, les express marchent à raison de 65 kilomètres, et lorsqu'ils sont en retard, les machinistes étant autorisés, pour rattraper le temps perdu, à accélérer leur marche, il peut arriver que, dans certains cas, la vitesse de ces trains atteigne près de 100 kilomètres à l'heure. C'est plus de 27 mètres par seconde et plus d'un kilomètre et demi par minute.

Ces chiffres feront réfléchir les agents de chemin de fer qui sont appelés à ouvrir des barrières au public et à traverser la voie au devant des trains. Quand les trains sont à 500 mètres de distance, ils peuvent arriver en moins d'un quart de minute ; celui qui commet l'imprudence de traverser la voie au devant d'un train qui n'est plus qu'à 100 mètres n'a peut-être que quatre secondes à lui, et le moindre faux pas peut lui coûter la vie.

MOYEN PRATIQUE DE CONSTATER LA VITESSE DES TRAINS A LEUR PASSAGE.

On peut avoir intérêt à connaître la vitesse des trains en marche. Voici un procédé qui permettra de la constater au passage.

USAGE DU TABLEAU N° 7.

Étant donné le nombre de secondes que met un train à parcourir 100, 200 ou 500 mètres, le tableau n° 7 indique la vitesse de ce train en kilomètres à l'heure.

Pour connaître ce nombre de secondes, on se servira d'un *pendule* fabriqué avec une ficelle et une pierre, ou, ce qui est plus commode, un écrou de boulon. Comme on le voit, c'est tout simplement un fil à plomb. La ficelle que l'on suspend à une pointe doit avoir 99 *centimètres* 1/2 de longueur entre le point de suspension et le milieu de l'écrou ou du poids quelconque que l'on a suspendu.

Si l'on fait balancer ce pendule, chacun de ses battements, à droite et à gauche, marque une seconde.

Le pendule installé, on poste un homme à 200 mètres par exemple; cet homme fait un signal avec la main ou son chapeau, au moment précis où la traverse d'avant de la machine passe devant lui; l'observateur, qui tient le poids à la main, le lâche à ce signal et commence alors à compter les secondes 'd'après les oscillations du pendule, jusqu'au moment où la traverse d'avant de la machine ayant parcouru les 200 mètres, vient se présenter en face de lui.

Supposons qu'il ait trouvé 13 secondes; il cherche dans la colonne 3 du tableau qui correspond à

TABLEAU N° 7.

Vitesse des trains.

VITESSE en kilomètres à l'heure. (2)	NOMBRE DE SECONDES		
	pour 100ᵐ. (2)	pour 200ᵐ. (3)	pour 500ᵐ. (4)
k.	s.	s.	s.
10	36	72	180
15	24	48	120
20	18	36	90
25	14 1/2	28 3/4	72
30	12	24	60
35	10	20 1/2	51 1/2
40	9	18	45
45	8	16	40
50	7 1/4	14 1/2	36
55	6 1/2	13	32 3/4
60	6	12	30
65	5 1/2	11	27 3/4
70	5	10 1/4	25 3/4
75	4 3/4	9 1/2	24
80	4 1/2	9	22 1/2
85	4 1/4	8 1/2	21 1/4
90	4	8	20
95	3 3/4	7 1/2	19
100	3 1/2	7 1/4	18
110	3 1/4	6 1/2	16 1/4
120	3	6	15

la distance de 200 mètres, et il trouve que la vitesse du train observé est de 55 kilomètres à l'heure.

Pour les trains marchant lentement, on pourra se contenter d'une observation sur 100 ou 200 mètres; pour les grandes vitesses, on se postera à 500 mètres. Si l'on voulait prendre une tout autre distance, il serait facile, au moyen du tableau n° 7, de calculer la vitesse correspondante. Pour un kilomètre, par exemple, il suffirait de doubler le nombre de secondes de la colonne 4 qui les donne pour la distance de 500 mètres.

Le pendule est préférable à la montre à secondes parce que ses dimensions sont assez fortes pour que l'observateur fixe, tout en le voyant, soit la machine lorsqu'elle passe, soit le signal qui lui est fait. Chaque seconde est, du reste, mieux marquée par les battements du pendule que par les mouvements de l'aiguille d'une montre.

TABLEAU N° 8.

POIDS APPROXIMATIF DE DIFFÉRENTS MATÉRIAUX.

	kilog.
Boulon d'éclisse (Orléans), la pièce. . .	0,670
Chevillette pour coussinet (Orléans), la pièce.	0,310
Coussinet ancien modèle (longueur, 0ᵐ,27) (Orléans), la pièce.	8, »
Coussinet nouveau modèle (longueur, 0ᵐ,30) (Orléans), la pièce.	9,300
Crampon (Orléans), la pièce.	0,280
Éclisse à rainure pour voie Vignole (Orléans), la pièce.	5, »
Éclisse sans rainure pour voie Vignole (Orléans), la pièce.	5,200
Éclisse à rainure pour voie à double champignon (Orléans), la pièce.	4,400
Éclisse sans rainure pour voie à double champignon (Orléans), la pièce.	4,900
Rail Vignole (Orléans), le mètre.	36, »
Rail à double champignon (Orléans), le mètre.	36, »
Tire-fond pour voie Vignole (Orléans), la pièce.	0,325

	kilog.	kilog.
Traverse en chêne (Orléans), la pièce. . .	80, »	
Traverse en sapin (Orléans), la pièce. . .	65, »	
Eau, le mètre cube.	1.000	»
Terre végétale, le mètre cube, de	1.210 à 1.280	
Terre forte graveleuse, le mètre cube, de.	1.350 à 1.430	
Argile et glaise, le mètre cube, de	1.650 à 1.750	
Marne, le mètre cube, de. . . .	1.570 à 1.640	
Sable fin et sec, le mètre cube, de	1.400 à 1.430	
Sable fin humide, le mètre cube.	1.900	»
Sable de rivière humide, le mètre cube, de.	1.770 à 1.850	
Gravier et cailloutis, le mètre cube, de.	1.370 à 1.480	
Pierre cassée pour ballast, le mètre cube, de.	1.500 à 1.900	
Pierre à bâtir tendre, le mètre cube, de.	1.200 à 1.300	
Pierre à bâtir dure, le mètre cube, de.	2.200 à 2.700	
Plomb fondu, le mètre cube.	11.350	
Fer en barre, le mètre cube.	7.788	
Acier trempé, le mètre cube.	7.813	
Fonte grise, le mètre cube.	7.200	
Chêne vert, le mètre cube, de. . . .	930 à 1.220	
Chêne sec, le mètre cube, de. . . .	843 à 1.015	
Sapin commun, le mètre cube, de. .	528 à 5	

	kilog.		kilog.
Sapin jaune, le mètre cube, ...	657	»	
Pin du Nord, le mètre cube, de. . . .	814	à	828
Peuplier d'Italie, le mètre cube, de	371	à	414
Peuplier de Hollande, le mètre cube, de.	528	à	514

OUTILLAGE DES POSEURS.

OUTILS D'UNE ÉQUIPE ORDINAIRE D'ENTRETIEN.

Une équipe ordinaire d'entretien, composée de quatre poseurs et d'un chef d'équipe, peut être outillée comme suit :

Chaque homme, y compris le chef d'équipe, possède :

Une *batte*,
Une *pelle en fer*,
Un *chasse-coins* (voie à double champignon),
Ou un *marteau à cramponner* (voie Vignole),

Plus, pour l'enlèvement des neiges :

Une *pelle en bois*,
Une *raclette à verglas*,
Deux *balais*.

Les outils communs à l'équipe sont :

Cinq *pinces à riper*,
Deux *pinces à pied-de-biche*,
Six *tarières*,
Deux *herminettes*,
Deux *clefs à fourche*,
Une *griffe en fer*,

Un *cordeau de 30 mètres,*

Un *levier,*

Un *gabarit d'écartement de voie,*

Une *règle à dévers,*

Un *niveau de poseur,*

Un *jeu de nivelettes,*

Une *brouette,*

Un *wagonnet,*

Dans les gares, pour l'entretien des changement et croisements de voies et des plaques tournantes, on leur donne en plus :

Une *clef anglaise,*

Deux *burins,*

Un *marteau-rivoir,*

Une *paire de tenailles.*

En outre, l'équipe est munie des objets suivants :

Deux *drapeaux rouges et leurs jalons,*

Deux *drapeaux verts et leurs jalons,*

Deux *lanternes à verres rouges et blancs,*

Deux *lanternes de ralentissement à verres verts,*

Deux *poteaux ferrés pour supports de lanternes,*

Un *cornet d'appel,*

Une *boîte contenant six pétards,*

Une *burette à huile.*

Suivant les cas, une équipe d'entretien peut avoir besoin d'autres outils, notamment d'une scie. Ce qu'il faut se rappeler, c'est que l'économie et la bonne exécution du travail dépendent beaucoup de l'outillage. Il ne faut rien ménager pour que les outils soient toujours entretenus en bon état et pour que les poseurs ne manquent jamais de ceux qui peuvent faciliter leur tâche.

OUTILS D'UNE ÉQUIPE DE RENOUVELLEMENT
DE QUARANTE HOMMES.

L'équipe de pose de quarante hommes, dont il est parlé à l'article RENOUVELLEMENT DE LA VOIE, pag. 97, doit posséder les outils suivants :

Quarante *pelles* (appartenant aux ouvriers),

Trente-cinq *battes* (trente en service, cinq de rechange),

Cinq *chasse-coins* (quatre en service, un de rechange), double champignon, ou sept *marteaux à cramponner* (voie Vignole), six en service, un de rechange,

Dix *pinces à riper,*

Deux *pinces à pied-de-biche* (six pour la voie Vignole),

Quatre *tarières* (vingt pour la voie Vignole),

Trois *herminettes,*

Cinq *clefs à fourche* (dont une de rechange),

Un *cordeau de* 50 *mètres,*

Deux *leviers,*

Deux *gabarits d'écartement de voie* (cinq pour la voie Vignole),

Une *règle à dévers*,

Un *niveau de poseur*,

Un *jeu de nivelettes*,

Quatre *règles divisées* pour l'écartement des traverses,

Une *équerre de pose*,

Une *scie*,

Une *hache*,

Une *clef anglaise*,

Deux *burins*,

Un *marteau-rivoir*,

Une *paire de tenailles*,

Deux *tranches à froid*,

Cinquante *cales* pour régler la dimension des
joints de rails,

Une *meule à aiguiser*,

Un *wagonnet*, ou plusieurs suivant les cas,

Une *brouette*,

Un *coffre à outils*.

Dans les gares, pour la pose des changements et
des croisements de voies et des plaques tournantes,
on peut avoir besoin de :

Un *gabarit de sabotage* (double champignon) ou
d'*entaillage* (voie Vignole),

Une *forge volante*,

Une *enclume*,

Un *étau*,

Un *marteau à frapper devant*,

Un *marteau à main de forgeron,*
Trois *limes assorties,*
Deux *crics.*

Les signaux nécessaires à cette équipe sont :

Six *drapeaux rouges et leurs jalons,*
Deux *drapeaux verts et leurs jalons,*
Deux *lanternes à verres rouges et blancs,*
Deux *lanternes de ralentissement à verres verts,*
Deux *poteaux ferrés pour lanternes,*
Un *cornet d'appel,*
Deux *boîtes contenant chacune six pétards,*
Une *burette à huile.*

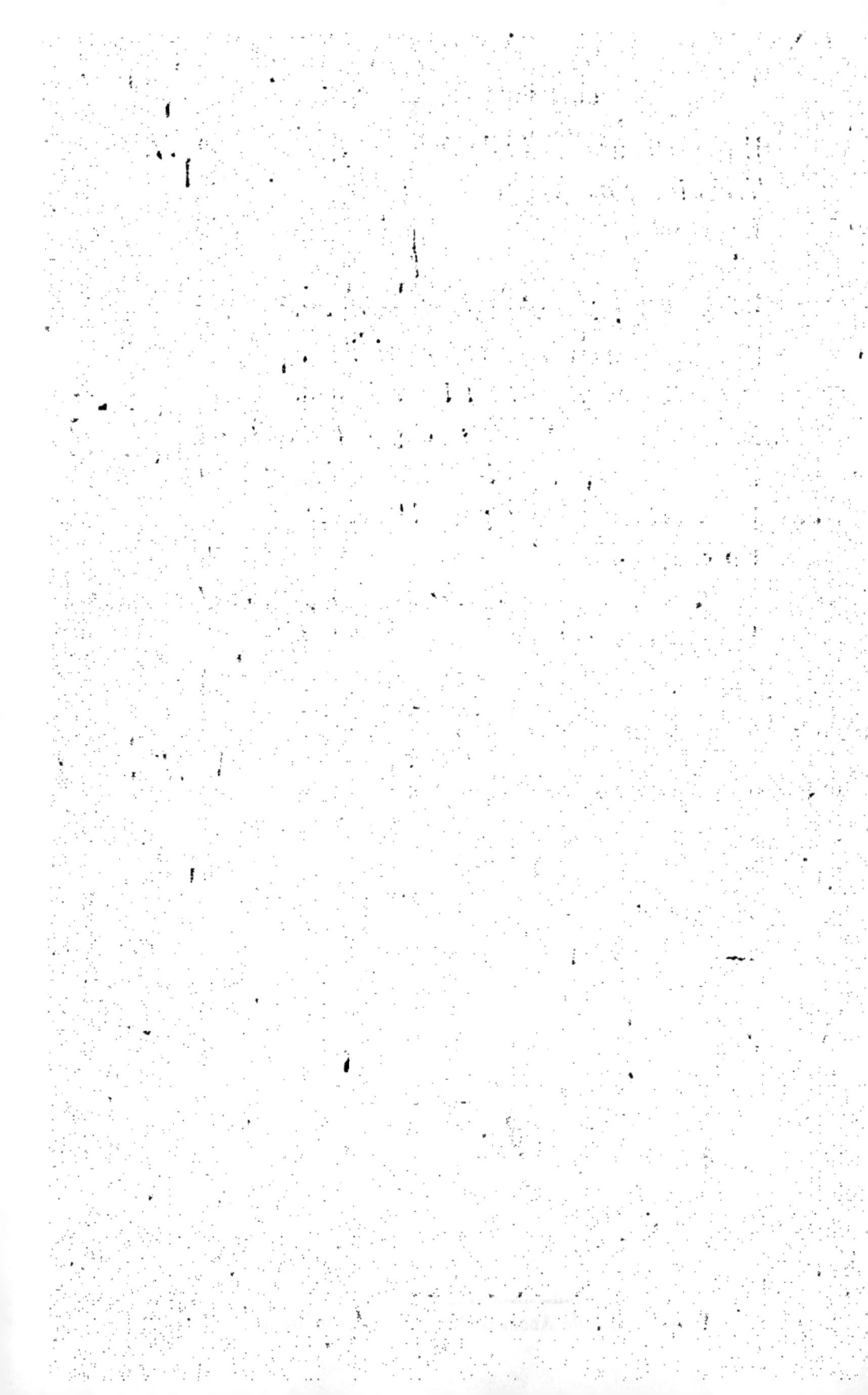

OUTILLAGE DES POSEURS.

La valeur des outils varie suivant leur poids et le prix du fer et de l'acier; il ne faut donc considérer que comme approximatifs les chiffres qui sont donnés dans ce tableau.

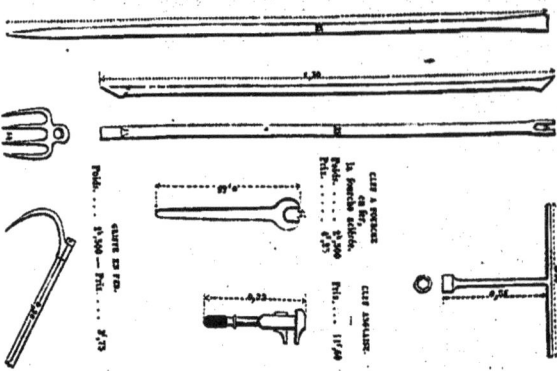
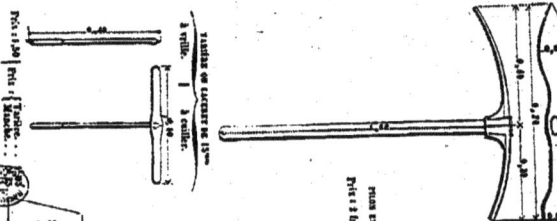

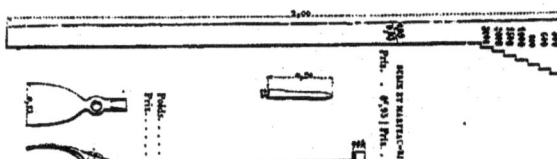
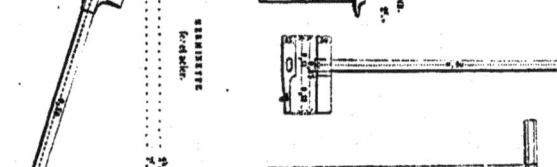

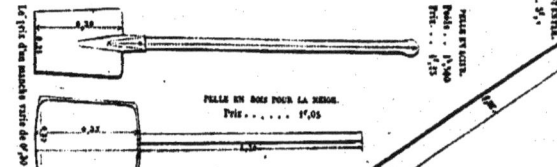
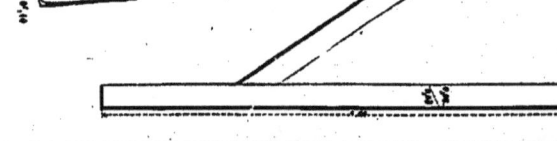

Réd. : 19x

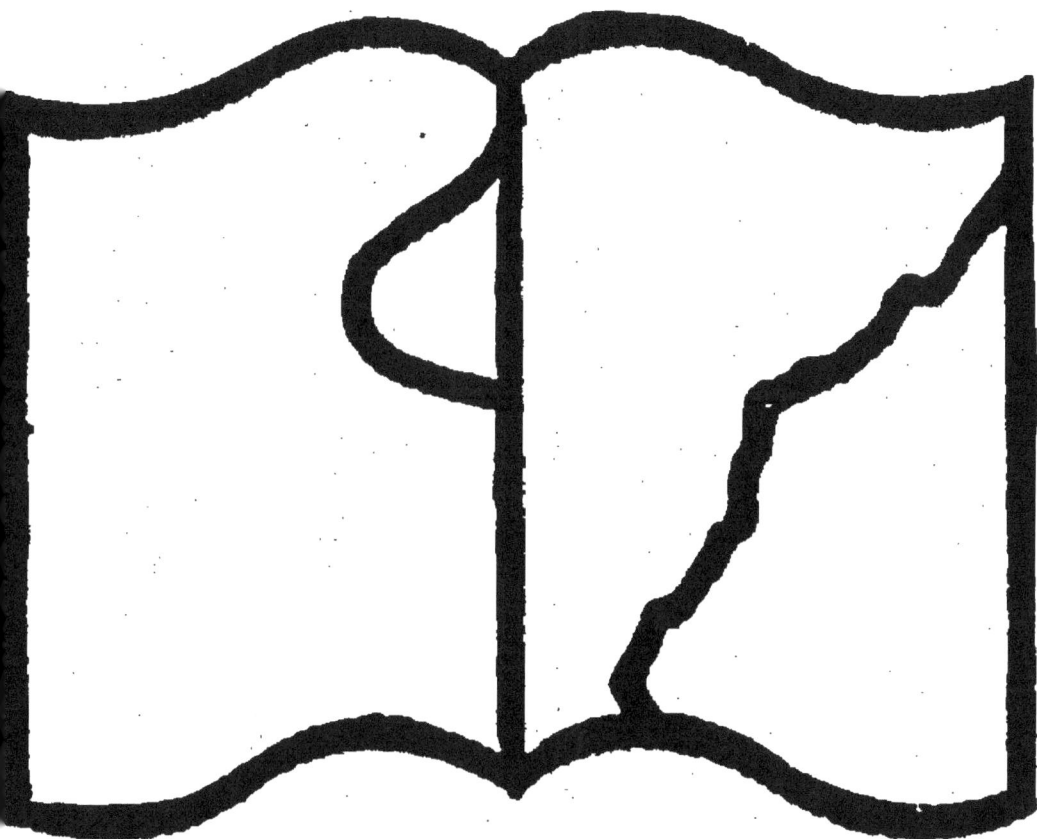

ON TROUVE A LA MÊME LIBRAIRIE

COURS DE CHEMINS DE FER [illegible]

[illegible]

[illegible] TERRASSEMENT [illegible]

TRACÉ GÉNÉRAL des courbes de raccordement [illegible]

[illegible] ÉCONOMIQUES [illegible]

[illegible] A VOIE ÉTROITE [illegible]

[illegible]